300 TABLES

DE

VIDANGES DE FUTS

FRANÇAIS ET ÉTRANGERS

MOUILLAGE DES SPIRITUEUX

Pour tous les degrés en usage dans le Commerce

ET RAPPORT DES DEGRÉS CENTIGRADES AVEC CEUX DONNÉS PAR LE PÈSE-LIQUEUR

CARTIER

REVUES PAR J.-B. GUIRAUD

JAUGEUR DE L'OCTROI DE PARIS

PARIS

Chez l'auteur, boulevard Diderot, N° 72, rue Projetée, N° 21

L. BONNET

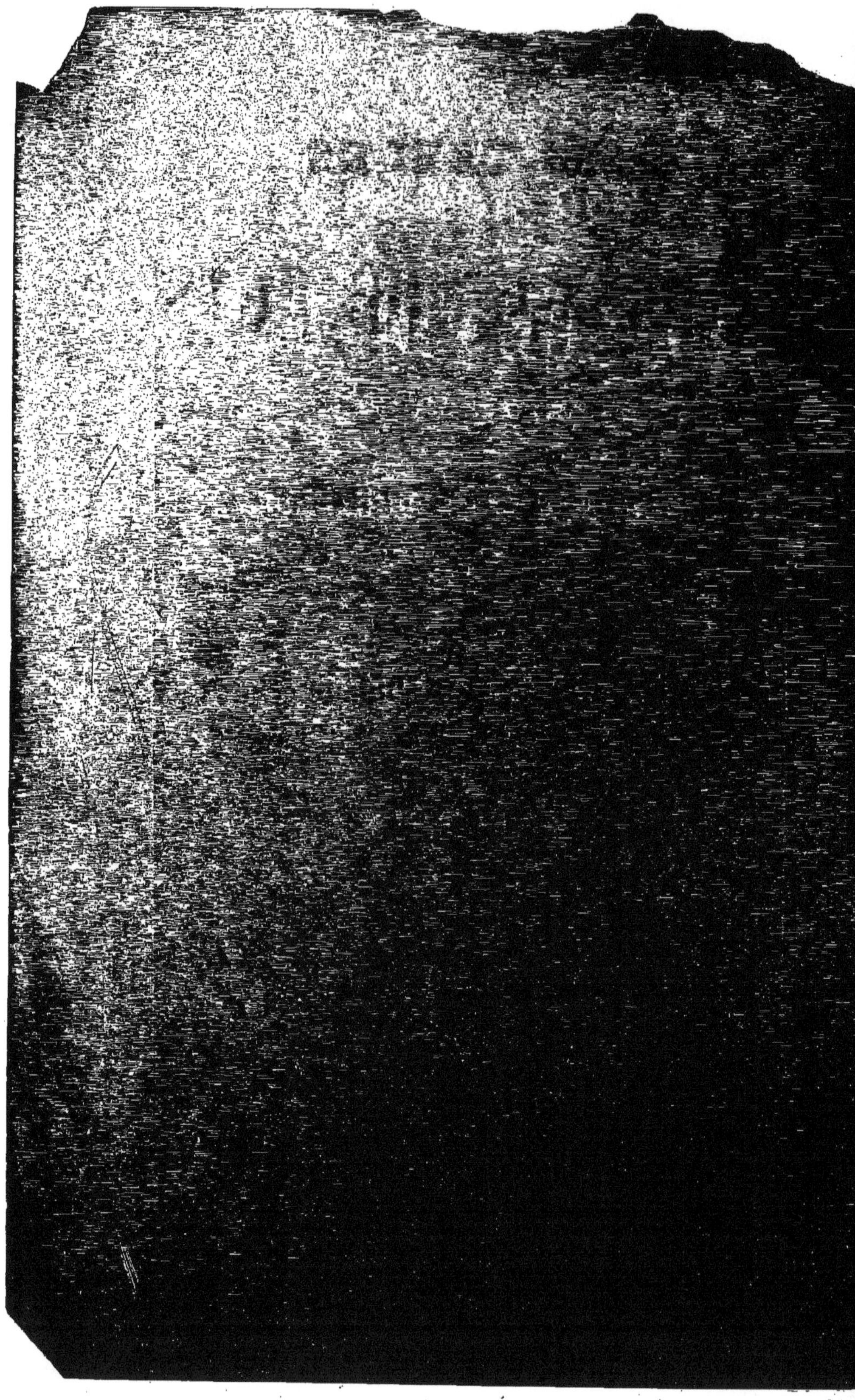

300 TABLES

DE

VIDANGES DE FUTS

FRANÇAIS ET ÉTRANGERS

MOUILLAGE DES SPIRITUEUX

Pour tous les degrés en usage dans le Commerce

ET RAPPORT DES DEGRÉS CENTIGRADES AVEC CEUX DONNÉS PAR LE PÈSE-LIQUEUR

DE

CARTIER

REVUES PAR **J.-B. GUIRAUD**

JAUGEUR DE L'OCTROI DE PARIS

Prix : 1 Fr. 25 c.

PARIS

Chez l'auteur, boulevart Mazas, N° 72, rue Projetée, N° 21.

A. BONNET

Libraire de l'Octroi de Paris, rue Cardinal-Lemoine, N° 4.

ET

A L'ENTREPOT GÉNÉRAL DES BOISSONS, QUAI SAINT-BERNARD

1862

NOTE EXPLICATIVE

Ces **trois cents** Tableaux de vidanges commencent par un fût de 0,15 litres et finissent par celui de 9,00 litres.

Ils sont composés de fûts Français, Anglais, Américains, Hollandais, Suédois, Prussiens, Allemands, Italiens, Espagnols et des Colonies.

La première colonne de chaque tableau indique les centimètres du vide, et la deuxième les litres de vidange.

Pour opérer, il suffit d'introduire un mètre ou bien un bâton divisé en centimètres, perpendiculairement, par la bonde, jusqu'au fond du fût; puis le retirer, en ayant soin de remarquer, à la bonde et sous le bois, la distance qui n'est pas mouillée par le liquide, ce qui indique en centimètres la partie vide.

EXEMPLES

Un fût **Bordeaux** de 2 h° 20 litres, ayant un bouge de 0,650 millimètres, présentant 0,10 centimètres de vide, ce vide donne 0,16 litres de vidange.

Une pipe **Montpellier** de 6 h° 40 litres, bouge de 0,900 millimètres, les 0,15 centimètres de vide donnent 0,53 litres de vidange; ainsi de suite pour toutes les opérations.

Si parfois un fût se présente plus vide que plein, on mesure dans ce cas la partie des centimètres mouillés par le liquide, et on opère sur le plein, comme il est dit ci-dessus pour le vide. Il est évident que, pour le fût **Bordeaux** ci-dessus, le plein n'étant que de 0,10 centimètres, il ne doit y rester que 0,16 litres de liquide.

Nous avons placé un tableau des mouillages pour les spiritueux, ainsi que le rapport approximatif des degrés centigrades avec ceux donnés par le pèse-liqueur de **Cartier**.

NOTA. — Ce recueil, qui déjà est en usage dans l'Administration de l'Octroi de Paris, est indispensable à MM. les négociants en vins, spiritueux, huiles et vinaigres, ainsi qu'aux administrations des chemins de fer et à toutes les industries faisant le commerce des liquides.

RAPPORT DES DEGRÉS CENTIGRADES
AVEC CEUX DONNÉS PAR LE PÈSE-LIQUEUR DE CARTIER

Centigrades	Cartier	Centigrades	Cartier	Centigrades	Cartier	Centigrades	Cartier
25	14.0	45	17.9	65	24.3	85	33.3
26	14.1	46	18.1	66	24.7	86	33.9
27	14.2	47	18.4	67	25.1	87	34.4
28	14.4	48	18.7	68	25.5	88	35.0
29	14.5	49	19.0	69	25.8	89	35.6
30	14.7	50	19.2	70	26.3	90	36.3
31	14.9	51	19.5	71	26.7	91	36.9
32	15.0	52	19.8	72	27.1	92	37.6
33	15.2	53	20.1	73	27.5	93	38.5
34	15.4	54	20.5	74	28.0	94	39.0
35	15.6	55	20.8	75	28.4	95	39.7
36	15.8	56	21.1	76	28.9	96	40.3
37	16.0	57	21.4	77	29.4	97	41.4
38	16.2	58	21.8	78	29.8	98	42.3
39	16.4	59	22.1	79	30.3	99	43.2
40	16.6	60	22.5	80	30.8	100	44.0
41	16.9	61	22.8	81	31.3		
42	17.1	62	23.2	82	31.8		Expression
43	17.4	63	23.5	83	32.3		de
44	17.6	64	23.9	84	32.8		l'alcool pur.

TABLE DE MOUILLAGE
DES LIQUIDES SPIRITUEUX.

DEGRÉS de l'Esprit à réduire	DEGRÉS qu'on veut obtenir	LITRES D'EAU à ajouter à l'hectolit. d'Esprit qu'on veut réduire	DEGRÉS de l'Esprit à réduire	DEGRÉS qu'on veut obtenir	LITRES D'EAU à ajouter à l'hectolit. d'Esprit qu'on veut réduire.
		Litres d'eau			Litres d'eau
90	40	1.30	64	40	0.62
90	41	1.25	64	48	0.34
90	42	1.19	64	56	0.15
90	45	1 05	64	60	0.07
90	50	0.84	62	48	0.20
90	60	0.53	62	55	0.13
90	70	0.31	62	60	0.03
90	80	0.13	60	47	0.28
90	85	0.06	60	52	0.16
90	86	0.05	60	53	0.13
90	87	0.03	58	40	0.46
90	88	0.02	58	50	0.16
90	89	0.01	58	56	0.03
88	50	0.80	58	57	0.02
88	52	0.73	56	45	0.25
88	60	0.50	56	48	0.17
88	65	0.38	56	53	0.06
88	75	0.18	54	44	0.23
88	85	0.04	54	49	0.10
86	60	0.46	54	52	0.04
86	70	0.24	52	43	0.21
86	80	0.08	52	46	0.13
85	50	0.74	52	50	0.04
85	75	0.14	50	44	0.14
85	81	0.05	50	47	0.07
80	60	0.35	50	48	0.04
80	66	0.22	48	40	0.20
80	77	0.04	48	45	0.07
75	55	0.38	48	46	0.04
75	70	0.07	46	42	0.10
75	71	0.06	46	43	0.07
72	60	0.21	46	45	0.02
72	65	0.11	45	40	0.13
72	70	0.03	45	41	0.10
71	45	0.60	45	42	0.07
71	48	0.50	45	43	0.05
71	50	0.43	45	44	0.02
71	65	0.10	44	40	0.10
70	40	0.77	44	41	0.07
70	58	0.21	44	42	0.05
70	64	0.10	44	43	0.02
68	57	0.21	43	40	0.08
68	61	0.12	43	41	0.05
68	64	0.06	43	42	0.02
66	59	0.12	42	40	0.05
66	62	0.06	42	41	0.02
66	65	0.02			

BAPTÊME
et
CAPACITÉ MOYENNE
DES
FUTS FRANÇAIS

	hect.	lit.
Feuillette............	1	34
Chalon..............	2	22
Mâcon..............	2	10
Beaune..............	2	28
Marseille............	2	18
Bordeaux............	2	24
Gaillac..............	2	24
Cahors..............	2	24
Anjou...............	2	28
Blois................	2	35
Orléans.............	2	28
Beaugency...........	2	28
Sologne.............	2	28
Cher................	2	48
Vouvray............	2	48
Auvergne...........	2	05
Sancerre............	2	05
Riceys..............	2	18
Champagne.........	2	00
Renaison...........	2	05
Chinon.............	2	16
Longuette...........	2	04
Bayonnaise.........	3	00
Fitou...............	2	18
Nantaise............	2	30
Pouilly..............	2	12

15		20		35		40		45		50	
BARIL		**BARIL**		**BARIL**		**BARIL**		**BARIL**		**BARIL**	
Fonds 0,200		Fonds 0,200		Fonds 0,280		Fonds 0,290		Fonds 0,312		Fonds 0,320	
Bouge 0,265		Bouge 0,300		Bouge 0,360		Bouge 0,340		Bouge 0,375		Bouge 0,352	
cent.	litres.	cent.	litres.	cent.	litres.	cent.	litres.	cent.	litres.	cent.	litres.
4	1	3	½	4	1	4	1	3	1	3	1
5	1 ½	4	1	5	2	5	2	4	1 ½	4	2
6	2	5	1 ½	6	2 ½	6	3	5	2 ½	5	3 ½
7	2 ½	6	2	7	3 ½	7	4	6	3 ½	6	5
8	3 ½	7	2 ½	8	4 ½	8	5	7	4 ½	7	6 ½
9	4	8	3	9	5 ½	9	6 ½	8	6	8	8
10	5	9	4	10	7	10	8	9	7 ½	9	9 ½
11	6	10	5	11	8	11	10	10	8 ½	10	11
12	6 ½	11	6	12	9 ½	12	12	11	10	11	12 ½
13	7	12	7	13	10 ½	13	13 ½	12	11 ½	12	14
13.15	7.50	13	8	14	11 ½	14	15	13	13	13	16
		14	9	15	13	15	16 ½	14	14 ½	14	18
		15	10	16	14	16	18	15	16	15	20
				17	16	17	20	16	18	16	22
				18	17.50			17	19 ½	17	24
								18	21	17.60	25
								18.75	22.50		

53		55		60		68		70		75	
BARIL		BARIL		SIXAIN		1/4 MUID		1/4 BIÈRE		1/4 BIÈRE	
Fonds 0,520		Fonds 0,340		Fonds 0,330		Fonds 0,390		Fonds 0,380		Fonds 0,360	
Bouge 0,400		Bouge 0,405		Bouge 0,410		Bouge 0,430		Bouge 0,418		Bouge 0,440	
cent.	litres.	cent.	litres.	cent.	litres.	cent.	litres.	cent.	litres.	cent.	litres.
3	1	3	1	3	1	3	1	3	1	3	1
4	1 ½	4	1 ½	4	1 ½	4	2 ½	4	2	4	2
5	2	5	2	5	2 ½	5	3 ½	5	3 ½	5	3
6	3	6	3 ½	6	3 ½	6	5	6	5	6	4
7	4	7	5	7	5	7	6 ½	7	6	7	6
8	5 ½	8	6 ½	8	6	8	8	8	8	8	8
9	7	9	7 ½	9	8	9	9 ½	9	10	9	10
10	9	10	9	10	9	10	11	10	12	10	12
11	10 ½	11	10 ½	11	11	11	12	11	14	11	14
12	12	12	12 ½	12	13	12	14	12	16	12	16
13	14	13	14	13	15	13	16	13	18	13	18
14	15 ½	14	16 ½	14	17	14	18	14	20	14	20
15	17	15	17 ½	15	19	15	20	15	22	15	22
16	19	16	19 ½	16	21	16	22	16	24	16	24
17	21	17	21	17	23	17	24	17	26	17	26
18	23	18	23	18	25	18	26	18	28	18	28
19	25	19	25	19	27	19	28	19	30	19	30
20	26.50	20	27	20	29	20	30	20	33	20	32
		20.25	27.50	20.50	30	21	32	20.90	35	21	35
						21.50	34			22	37.50

80		85		90		93		101		101	
1/4 COGNAC		1/4 COGNAC		1/4 ABSINTHE		1/4 MADÈRE		TONNE D'HUILE		1/2 B. COGNAC	
Fonds 0,365 Bouge 0,485		Fonds 0,390 Bouge 0,470		Fonds 0,410 Bouge 0,490		Fonds 0,405 Bouge 0,470		Fonds 0,410 Bouge 0,468		Fonds 0,415 Bouge 0,482	
cent.	litres.	cent.	litres.	cent.	litres	cent.	litres.	cent.	litres.	cent.	litres.
4	1	3	1	3	1	3	1	3	1	3	1
5	2	4	1 ½	4	2	4	2 ½	4	2	4	2
6	3	5	2 ½	5	3	5	3 ½	5	4	5	3
7	4 ½	6	4	6	4	6	5	6	6	6	4
8	6	7	5	7	5	7	6	7	8	7	6
9	7	8	7	8	7	8	8	8	10	8	8
10	9	9	9	9	9	9	10	9	12	9	10 ½
11	11	10	11	10	11	10	12 ½	10	14	10	13
12	13	11	13	11	13	11	15	11	16	11	15
13	15	12	15	12	15	12	17	12	18	12	17
14	17	13	17	13	17	13	19	13	20	13	19
15	19	14	19 ½	14	19	14	21	14	23	14	22 ½
16	21	15	22	15	21	15	23	15	26	15	25
17	23	16	24	16	23	16	25	16	29	16	27 ½
18	25 ½	17	26 ½	17	25	17	27	17	32	17	30
19	28	18	20	18	28	18	29	18	35	18	32
20	30	19	31 ½	19	31	19	32	19	38	19	35
21	32 ½	20	34	20	33	20	35	20	41	20	38
22	35	21	36	21	36	21	38	21	44	21	41
23	37	22	38 ½	22	39	22	41	22	47	22	44
24	39	23	40	23	41	23	44	23	50	23	47
24.25	40	23.50	42.50	24	44	23.50	46.50	23.40	50.50	24	50
				24.50	45					24.10	50.50

102		105		106		106		107		110	
1/4 REIMS		1/4 ABSINTHE		1/4 MACON		1/4 POUILLY		TONNE D'HUILE		1/2 B. COGNAC	
Fonds 0,450 Bouge 0,513		Fonds 0,480 Bouge 0,530		Fonds 0,450 Bouge 0,506		Fonds 0,480 Bouge 0,517		Fonds 0,440 Bouge 0,513		Fonds 0,400 Bouge 0,485	
cent.	litres.	cent.	litres.	cent.	litres.	cent.	litres.	cent.	litres.	cent.	litres.
3	1	3	1	3	1	3	1	3	1	3	1
4	2	4	2	4	2	4	2	4	2	4	2
5	3	5	3	5	3	5	3	5	3	5	3
6	4	6	4	6	5	6	5	6	4	6	5
7	6	7	6	7	7	7	7	7	6	7	7
8	8	8	8	8	9	8	9	8	8	8	9
9	10	9	10	9	11	9	11	9	10	9	11
10	12	10	12	10	13	10	13	10	12	10	13
11	14	11	14	11	15	11	15	11	14	11	15
12	16	12	16	12	17	12	17	12	16	12	18
13	18	13	18	13	19	13	19	13	18 ½	13	21
14	20 ½	14	20	14	22	14	22	14	21	14	24
15	23	15	22 ½	15	25	15	24	15	24 ½	15	27
16	25 ½	16	25	16	27 ½	16	26 ½	16	26	16	30
17	28	17	27 ½	17	30	17	29	17	29	17	32 ½
18	30 ½	18	30	18	32 ½	18	31 ½	18	31 ½	18	35
19	33	19	32 ½	19	35	19	34	19	34	19	38
20	36	20	35	20	38	20	37	20	37	20	41
21	38 ½	21	38	21	41	21	39 ½	21	40	21	44
22	41	22	40 ½	22	43	22	42	22	43	22	47
23	44	23	43	23	46	23	45	23	46	23	50
24	47	24	45	24	49	24	48	24	48 ½	24	53
25	50	25	48	25	52	25	51	25	51	24.25	55
25.65	51	26	51	25.30	53	25.85	53	25.65	53,50		
		26.50	52.50								

112 — 1/4 ORLÉANS — Fonds 0,480 Bouge 0,545		114 — 1/4 BORDEAUX — Fonds 0,435 Bouge 0,515		113 — 1/4 KIRSCH — Fonds 0,460 Bouge 0,507		114 — 1/4 BEAUNE — Fonds 0,440 Bouge 0,512		114 — 1/4 ORLÉANS — Fonds 0,454 Bouge 0,521		115 — 1/2 B. COGNAC — Fonds 0,410 Bouge 0,500	
cent.	litres.	cent.	litres.	cent.	litres.	cent.	litres.	cent.	litres.	cent.	litres.
3	1	3	1	3	1	3	1	3	1	3	1
4	2	4	2	4	2	4	2	4	2	4	2
5	3	5	3	5	3	5	3	5	3	5	3
6	4	6	4	6	5	6	5	6	4	6	4
7	6	7	6	7	7	7	7	7	6	7	6
8	8	8	8	8	9	8	9	8	8	8	8
9	10	9	10	9	11	9	11	9	10 ½	9	10
10	12	10	12	10	13	10	13	10	13	10	12
11	14	11	14	11	15 ½	11	15 ½	11	15	11	14
12	16	12	17	12	18	12	18	12	17	12	17
13	18	13	20	13	21	13	20 ½	13	19 ½	13	20
14	20 ½	14	22	14	24	14	23	14	22	14	23
15	23	15	25	15	26 ½	15	26	15	25	15	26
16	25	16	28	16	29	16	29	16	27 ½	16	29
17	28	17	31	17	32	17	31 ½	17	30	17	32
18	30 ½	18	34	18	35	18	34	18	32 ½	18	35
19	33	19	36	19	37 ½	19	37	19	35	19	38
20	36	20	39	20	40	20	40	20	38	20	41
21	38 ½	21	42	21	43	21	43	21	41	21	44
22	41	22	45	22	46	22	46	22	44	22	47
23	44	23	48	23	49	23	49	23	47	23	50
24	46 ½	24	51	24	52	24	52	24	50	24	53
25	49	25	54	25	55	25	55	25	53	25	57,50
26	52	25,75	57	25,35	56,50	25,60	57	26	56		
27	55							26,05	5		
27,25	56										

116		117		118		120		122		122	
SIXAIN-MALAGA		1/4 KIRSCH		1/4 BORDEAUX		1/2 B. COGNAC		SIXAIN-MALAGA		1/2 B. ANJOU	
Fonds 0,455 Bouge 0,516		Fonds 0,448 Bouge 0,510		Fonds 0,410 Bouge 0,500		Fonds 0,390 Bouge 0,515		Fonds 0,380 Bouge 0,505		Fonds 0,500 Bouge 0,520	
cent.	litres.	cent.	litres.	cent.	litres.	cent.	litres.	cent.	litres.	cent.	litres.
3	1	3	1	3	1	3	1	3	1	3	1
4	2	4	2	4	2	4	2	4	2	4	2 ½
5	3	5	4	5	3	5	3	5	3	5	4
6	5	6	6	6	5	6	4	6	4	6	6
7	7	7	8	7	7	7	6	7	6	7	8
8	9	8	40	8	9	8	8	8	8	8	10
9	11	9	12	9	11	9	10 ½	9	10	9	12
10	13	10	14	10	13	10	13	10	12	10	14
11	15	11	16	11	15	11	15	11	15	11	16 ½
12	17	12	18	12	18	12	18	12	18	12	19
13	20	13	21	13	21	13	21	13	21	13	21
14	23	14	24	14	24	14	23 ½	14	24	14	24
15	26	15	27	15	27	15	26	15	27	15	27
16	29	16	30	16	30	16	20	16	30	16	30
17	32	47	33	17	33	17	32	17	33	17	33
18	35	18	36	18	36	18	35	18	36 ½	18	36
19	38	19	39	19	39 ½	19	38	19	40	19	39
20	41	20	42	20	43	20	41 ½	20	43	20	42
21	44	21	45	21	46	21	45	21	46 ½	21	45
22	47	22	48	22	49	22	48	22	50	22	48
23	50	23	51	23	52	23	51	23	53 ½	23	51
24	53	24	54	24	55	24	54	24	57	24	54
25	56	25	57	25	59	25	57	25	60	25	57
25.80	58	25.50	58.50			25.75	60	25.25	61	26	61

122		130		125		130		130		135	
1/2 B. ANJOU		1/4 TOURAINE		1/2 B. COGNAC		1/2 B. COGNAC		FEUILLETTE		1/2 B. COGNAC	
Fonds 0,420 Bouge 0,517		Fonds 0,497 Bouge 0,565		Fonds 0,451 Bouge 0,550		Fonds 0,445 Bouge 0,515		Fonds 0,460 Bouge 0,510		Fonds 0,430 Bouge 0,520	
cent.	litres.	cent.	litres.	cent.	litres.	cent.	litres.	cent.	litres	cent.	litres.
3	1	3	1	3	1	3	1	3	1	3	1
4	2	4	2	4	2	4	2	4	2	4	2
5	3	5	3 ½	5	3	5	3	5	4	5	3
6	4	6	5	6	4	6	5	6	6	6	5
7	6	7	7	7	6	7	7	7	8	7	7
8	8 ½	8	9	8	8	8	9	8	10	8	9
9	11	9	11	9	10	9	12	9	12	9	11
10	13	10	13	10	12	10	14 ½	10	15	10	14
11	15	11	15 ½	11	14	11	17	11	18	11	17
12	18	12	18	12	16	12	20	12	21	12	20
13	21	13	20	13	19	13	22 ½	13	24	13	23
14	23	14	23	14	22	14	25	14	27	14	26
15	27	15	26	15	25	15	28	15	30	15	29
16	30	16	29	16	28	16	31 ½	16	33	16	32
17	33	17	31 ½	17	31	17	35	17	36 ½	17	35 ½
18	36	18	33 ½	18	34	18	38	18	40	18	39
19	39	19	36	19	37	19	41 ½	19	43	19	43
20	42	20	38 ½	20	40	20	45	20	46	20	46
21	45	21	41	21	43	21	48	21	49 ½	21	49
22	48 ½	22	44	22	46	22	51 ½	22	53	22	53
23	52	23	46 ½	23	49	23	55	23	56 ½	23	56 ½
24	55	24	49	24	52	24	58	24	60	24	60
25	58	25	52	25	55	25	62	25	63	25	63
25.85	61	26	55	26	58	25.75	65	25.50	65	26	67.50
		27	58	27	61						
		28	62	27.50	62.50						
		28.25	65								

138		140		144		145		152		154	
FEUILLETT(		/2 B. COGNAC		1|4 AUVERGNE		1/2 MADÈRE		1/2 B. COGNAC		1/4 KIRSCH	
Fonds 0,492		Fonds 0,438		Fonds 0,497		Fonds 0,451		Fonds 0,473		Fonds 0,550	
Bouge 0,540		Bouge 0,540		Bouge 0,578		Bouge 0,525		Bouge 0,557		Bouge 0,590	
cent.	litres.	cent.	litres.	cent.	litres.	cent.	litres.	cent.	litres.	cent.	litres.
3	1	3	1	3	1	3	1	3	1	3	1
4	2	4	2	4	2	4	2	4	2	4	2
5	4	5	3	5	3	5	4	5	3	5	3 ½
6	6	6	5	6	5	6	6	6	5	6	6
7	8	7	7	7	7	7	8	7	7	7	8
8	10	8	9	8	9	8	10	8	9	8	10
9	13	9	12	9	12	9	13	9	12 ½	9	12 ½
10	16	10	15	10	14	10	16	10	15	10	15
11	18 ½	11	17 ½	11	16	11	19	11	17	11	17
12	21	12	20	12	18	12	22	12	20	12	20
13	24	13	23	13	21	13	25	13	23	13	23
14	27	14	26	14	24	14	28	14	26	14	26
15	30	15	29	15	27	15	31	15	29 ½	15	29
16	33	16	32	16	30	16	34	16	33	16	32
17	36	17	35 ½	17	33	17	37 ½	17	36 ½	17	35
18	39 ½	18	39	18	36	18	41	18	40	18	38
19	43	19	42	19	39	19	44	19	43	19	41
20	46	20	45	20	42	20	47	20	46	20	44
21	49	21	48 ½	21	45	21	50 ½	21	50 ½	21	47
22	53	22	52	22	48 ½	22	54	22	54	22	50
23	56	23	55 ½	23	52	23	57 ½	23	57	23	53
24	59	24	59	24	55	24	61	24	61	24	56
25	62	25	63	25	58 ½	25	64	25	65	25	59
26	65	26	66	26	62	26	68	26	69	26	62 ½
27	69	27	70	27	65 ½	26.25	72.50	27	73	27	66
				28	69			27.85	76	28	70
				28.90	72					29	74
										29.50	77

155		155		160		165		165		165	
1/2 B. COGNAC		1/4 ABSINTHE		1/2 B. COGNAC		1/4 ABSINTHE		1/4 ROCHELLE		1/2 B. COGNAC	
Fonds 0,454	Bouge 0,568	Fonds 0,474	Bouge 0,570	Fonds 0,485	Bouge 0,560	Fonds 0,500	Bouge 0,580	Fonds 0,500	Bouge 0,585	Fonds 0,500	Bouge 0,560
cent.	litres.	cent.	litres.	cent.	litres.	cent.	litres.	cent.	litres.	cent.	litres.
3	1	3	1	3	1	3	1	3	1	3	1
4	2	4	2	4	2	4	2	4	2	4	2
5	3	5	3	5	4	5	3	5	3	5	4
6	5	6	5	6	6	6	5	6	5	6	6
7	7	7	7	7	8	7	7	7	7	7	8
8	9	8	9	8	10	8	9	8	9	8	10
9	12	9	12	9	12 ½	9	11	9	12	9	13
10	15	10	15	10	15	10	14	10	15	10	16
11	18	11	17	11	18	11	17	11	17	11	19
12	20 ½	12	20	12	21	12	20	12	20	12	22
13	23	13	23	13	24	13	23 ½	13	23 ½	13	25
14	26	14	26	14	27 ½	14	27	14	27	14	29
15	29	15	29 ½	15	31	15	30	15	30	15	32 ½
16	32 ½	16	33	16	35	16	33 ½	16	33	16	35 ½
17	36	17	36	17	38	17	37	17	36	17	39
18	39	18	39	18	41 ½	18	40 ½	18	40	18	43
19	42	19	43	19	45	19	44	19	44	19	47
20	45 ½	20	46 ½	20	49	20	47 ½	20	47 ½	20	51
21	49	21	50	21	53	21	51	21	51	21	54 ½
22	53	22	53	22	56	22	55	22	55	22	58
23	56 ½	23	57	23	60	23	59	23	58	23	62
24	60	24	61	24	64	24	63	24	62	24	66
25	64	25	64	25	68	25	67	25	66	25	70
26	67	26	68	26	72	26	71 ½	26	70	26	74
27	70	27	72 ½	27	76	27	74	27	74	27	78
28	74	28	75	28	80	28	78	28	77 ½	28	82.50
28.40	77.50	28.50	77.50			29	82.50	29	81		
								29.25	82.50		

170		170		172		173		175		180	
1/2 B. COGNAC		1/4 ROCHELLE		1/4 VILLENOXE		1/2 B. COGNAC		1/2 B. COGNAC		1/4 ROCHELLE	
Fonds 0.465 Bouge 0,565		Fonds 0,504 Bouge 0,590		Fonds 0,510 Bouge 0,586		Fonds 0,487 Bouge 0,566		Fonds 0,494 Bouge 0,566		Fonds 0,508 Bouge 0,590	
cent.	litres.	cent.	litres.	cent.	litres.	cent.	litres.	cent.	litres.	cent.	litres.
3	1	3	1	3	1	2	1	2	1	3	1
4	2	4	2	4	2	3	2	3	2	4	2
5	4	5	3	5	4	4	3	4	3	5	3
6	6	6	5	6	6	5	4	5	4	6	5
7	8	7	7	7	8	6	6	6	6	7	7
8	10	8	9 ½	8	10	7	8	7	8	8	10
9	13	9	12	9	13	8	10	8	10	9	13
10	16	10	14	10	16	9	13	9	13	10	16
11	19	11	17	11	19	10	16	10	16	11	19
12	22	12	20	12	22	11	19 ½	11	19	12	22
13	25	13	23	13	25	12	23	12	22	13	25
14	28	14	26	14	28	13	26	13	26	14	28 ½
15	32	15	29 ½	15	32	14	29	14	30	15	32
16	36	16	33	16	35	15	32	15	33 ½	16	36
17	40	17	36 ½	17	38	16	35	16	37	17	39 ½
18	43 ½	18	40	18	42	17	38	17	41	18	43
19	47	19	44	19	46	18	41	18	45	19	47
20	51	20	48	20	50	19	44	19	49	20	51
21	55	21	51 ½	21	54	20	48	20	53	21	55
22	59	22	55	22	58	21	52	21	57	22	59
23	63	23	59	23	61	22	56	22	61	23	63
24	67	24	63	24	64	23	60	23	65	24	67
25	71	25	67	25	68	24	64	24	69 ½	25	71
26	75	26	71	26	72	25	68	25	74	26	75
27	79	27	75	27	76	26	73	26	78	27	79 ½
28	84	28	79	28	80	27	77	27	82	28	84
28.25	85	29	83	29	84	28	82	28	86	29	88
		29.50	85	29.30	86	28.30	86.50	28.30	87.50	29.50	90

182		185		185		190		195		198	
CHAT.-THIERRY		1/2 B. COGNAC		1/4 ROCHELLE		1/2 B. COGNAC		BUSSE COGNAC		RENAISON	
Fonds 0,540 Bouge 0,600		Fonds 0,500 Bouge 0,575		Fonds 0,494 Bouge 0,615		Fonds 0,474 Bouge 0,590		Fonds 0,500 Bouge 0,610		Fonds 0,585 Bouge 0,616	
cent.	litres.	cent.	litres.	cent.	litres.	cent.	litres.	cent.	litres.	cent.	litres.
3	1	3	1	3	1	3	1	3	1	2	1
4	3	4	3	4	2	4	2	4	2	3	2
5	5	5	5	5	3	5	4	5	3	4	3
6	7	6	7	6	5	6	6	6	5	5	5
7	9	7	9	7	7	7	8	7	7	6	7
8	11	8	12	8	9	8	10	8	10	7	10
9	14	9	15	9	12	9	13	9	13	8	13
10	17	10	18	10	14 ½	10	16	10	16	9	16
11	20	11	21	11	17	11	19	11	19	10	19 ½
12	23	12	24	12	20	12	22	12	22	11	23
13	26	13	27 ½	13	23	13	25 ½	13	25	12	26
14	30	14	31	14	26 ½	14	29	14	28 ½	13	29
15	33 ½	15	35	15	30	15	33	15	32	14	33
16	36	16	39	16	33	16	36	16	36	15	37
17	40	17	43	17	37	17	40	17	40	16	40
18	43 ½	18	46	18	41	18	44	18	44	17	43 ½
19	47	19	50	19	45	19	48 ½	19	48	18	47
20	51	20	54 ½	20	48 ½	20	53	20	52	19	51
21	55	21	59	21	52	21	57 ½	21	56	20	55
22	59	22	63	22	56	22	62	22	60	21	59 ½
23	63	23	67	23	60	23	66	23	64 ½	22	63
24	67	24	71	24	64	24	70	24	69	23	67
25	71	25	75	25	68	25	74 ½	25	73	24	71
26	75	26	80	26	72	26	79	26	77	25	75
27	79	27	84 ½	27	76 ½	27	84	27	81 ½	26	79 ½
28	83	28	89	28	81	28	88 ½	28	86	27	84
29	87	28,75	92.50	29	85	29	93	29	90	28	88
30	91			30	89	29,50	95	30	95	29	92
				30,75	92.50			30,50	97.50	30	97
										30,80	99

198		200		202		202		202		205	
LONGUETTE JARNAC		PETITE COGNAC		LONGUETTE JARNAC		RENAISON		CHAMPAGNE		MARS^{lle} RHUM	
Fonds 0,505 Bouge 0,575		Fonds 0,505 Bouge 0,595		Fonds 0,388 Bouge 0,485		Fonds 0,562 Bouge 0,652		Fonds 0,557 Bouge 0,640		Fonds 0,490 Bouge 0,610	
cent.	litres.	cent.	litres.	cent.	litres.	cent.	litres.	cent.	litres.	cent.	litres.
3	1	3	1	2	1	3	1	3	1	3	1
4	2	4	2	3	2	4	2	4	2	4	2
5	4	5	4	4	3	5	4	5	3	5	3
6	6	6	6	5	6	6	6	6	5	6	5
7	9	7	9	6	9	7	8	7	7	7	7
8	12	8	12	7	12	8	11	8	9	8	9
9	15 ½	9	15	8	16	9	14	9	12	9	12
10	19	10	18	9	20	10	17	10	15	10	15
11	22	11	21	10	24	11	20	11	18	11	18 ½
12	26	12	24	11	28	12	23	12	21	12	22
13	30	13	28	12	33	13	26	13	24	13	25
14	33 ½	14	31 ½	13	38	14	29	14	27	14	29
15	37	15	35	14	43	15	32 ½	15	31 ½	15	33
16	41	16	39	15	48	16	36	16	34	16	37
17	45	17	43	16	53 ½	17	40	17	38	17	41
18	50	18	47 ½	17	59	18	44	18	42	18	45
19	54 ½	19	52	18	65	19	48	19	46	19	49
20	59	20	56	19	71	20	52	20	50	20	54
21	63 ½	21	60	20	76	21	56	21	54	21	59
22	68	22	64 ½	21	82	22	60	22	58	22	63
23	73	23	69	22	88	23	64	23	63 ½	23	67
24	77	24	73 ½	23	94	24	68	24	67	24	71
25	81	25	78	24	1.00	25	73 ½	25	71	25	75
26	85	26	82	24.25	1.01	26	77	26	75	26	80
27	90	27	87			27	81	27	79	27	85
28	95	28	91 ½			28	85	28	84 ½	28	90
28.75	99	29	96			29	89	29	88	29	95
		29.75	1.00			30	93 ½	30	92	30	1.00
						31	98	31	96	30.50	1.02.50
						31.60	1.01	32	1.01		

206		206		206		206		209		210	
CREUSIER		**SANCERRE**		**MARS^(lle) RHUM**		**LONGUETTE**		**GAILLAC**		**MARS^(lle) RHUM**	
Fonds 0,552 Bouge 0,640		Fonds 0,592 Bouge 0,662		Fonds 0,550 Bouge 0,642		Fonds 0,514 Bouge 0,578		Fonds 0,490 Bouge 0,620		Fonds 0,560 Bouge 0,630	
cent.	litres.	cent.	litres.	cent.	litres.	cent.	litres.	cent.	litres.	cent.	litres.
3	1	3	1	3	1	3	1	3	1	3	1
4	2	4	2	4	2	4	3	4	2	4	2
5	4	5	4	5	3	5	5	5	3	5	4
6	6	6	6	6	5	6	7	6	4	6	6
7	8	7	8	7	7	7	10	7	6	7	8
8	10	8	10 ½	8	9	8	13	8	9	8	11
9	13	9	13	9	12	9	16	9	12	9	14
10	16	10	16	10	15	10	19	10	15	10	17
11	19	11	19	11	18	11	23	11	18	11	20
12	22	12	22	12	21 ½	12	27	12	21	12	24
13	25 ½	13	25	13	25	13	31	13	24	13	27 ½
14	29	14	28	14	28	14	35	14	28	14	31
15	33	15	31 ½	15	32	15	39	15	32	15	35
16	36	16	35	16	36	16	43	16	36	16	39
17	40	17	39	17	39	17	47	17	40	17	42 ½
18	44	18	42 ½	18	43	18	51 ½	18	44	18	46
19	48	19	46	19	46	19	56	19	48	19	50
20	52	20	50	20	50	20	60	20	52	20	54
21	56	21	53 ½	21	54 ½	21	65	21	56	21	59
22	60	22	57	22	59	22	69 ½	22	60	22	63 ½
23	64	23	61	23	63 ½	23	74	23	64	23	67
24	68	24	65	24	68	24	79	24	68	24	71
25	72 ½	25	69	25	72	25	84	25	72	25	75
26	77	26	73	26	76	26	80	26	76	26	80
27	81	27	77 ½	27	80 ½	27	94	27	81	27	85
28	86	28	82	28	85	28	99	28	87	28	89 ½
29	90	29	86	29	89	28.90	1.03	29	93	29	94
30	94	30	90	30	93 ½			30	99	30	98
31	98	31	94	31	98			31	1.04.50	31	1.02
32	1.03	32	98	32	1.02					31.50	1.05
		33	1.02	32.10	1.03						
		33.10	1.03								

212		212		215		216		216		216	
PETITE COGNAC		FUT MACON		1/2 PIPE RHUM		FUT MARSEILLE		FUT MACON		FUT CAHORS	
Fonds 0,510 Bouge 0,620		Fonds 0,590 Bouge 0,645		Fonds 0,577 Bouge 0,640		Fonds 0,550 Bouge 0,642		Fonds 0,552 Bouge 0,654		Fonds 0,610 Bougé 0,652	
cent.	litres.	cent.	litres	cent.	litres.	cent.	litres.	cent.	litres.	cent.	litres.
3	1	2	1	3	1	3	1	3	1	2	1
4	2	3	2	4	3	4	2	4	2	3	2
5	3	4	4	5	5	5	4	5	3	4	4
6	5	5	6	6	7	6	6	6	5	5	6
7	7	6	8	7	9	7	8	7	8	6	8
8	10	7	10	8	12	8	10	8	11	7	10
9	13	8	13	9	15	9	13	9	14	8	13
10	16	9	16	10	18	10	16	10	17	9	16
11	19	10	19	11	21	11	19	11	20	10	19
12	22 ½	11	22	12	24	12	22	12	23	11	22
13	26	12	25	13	28	13	26	13	26	12	25
14	30	13	28	14	31 ½	14	30	14	29	13	28
15	34	14	31	15	35	15	34	15	33	14	32
16	38	15	34	16	39	16	38	16	37	15	36
17	42	16	38	17	43	17	42	17	41	16	40
18	46	17	42	18	47	18	46	18	45	17	44
19	50	18	46	19	51	19	50	19	49	18	48
20	54 ½	19	50	20	55		54	20	52 ½	19	52
21	59	20	54	21	59	21	58	21	56	20	56
22	64	21	58	22	63	22	62	22	60	21	60
23	69	22	62	23	67	23	66	23	65	22	64
24	73 ½	23	66	24	71	24	70 ½	24	69	23	68
25	77	24	70	25	75	25	75	25	73 ½	24	72
26	82	25	74	26	79	26	80	26	78	25	76
27	87	26	78	27	84	27	84 ½	27	82 ½	26	80
28	92	27	82	28	89	28	89	28	87	27	84
29	96 ½	28	86	29	93	29	93 ½	29	91	28	88
30	1.01	29	90	30	98	30	98	30	95	29	92
31	1.06	30	94	31	1.03	31	1.03	31	99	30	96
		31	99	32	1.07.50	32	1.07	32	1.04	31	1.00
		32	1.04			32.10	1.08	32.70	1.08	32	1.05
		32.25	1.06							32.60	1.08

220		220		220		220		220		220	
FUT BORDEAUX		FUT RICEYS		FUT GAILLAC		FUT BORDEAUX		POUILLY		BUSSE COGNAC	
Fonds 0,570 Bouge 0,646		Fonds 0,592 Bouge 0,670		Fonds 0,560 Bouge 0,650		Fonds 0,541 Bouge 0,650		Fonds 0,556 Bouge 0,664		Fonds 0,521 Bouge 0,620	
cent.	litres.	cent.	litres.	cent.	litres.	cent.	litres.	cent.	litres.	cent.	litres.
3	1	3	1	3	1	3	1	3	1	3	1
4	2	4	2	4	2	4	3	4	3	4	2
5	4	5	4	5	4	5	5	5	5	5	4
6	6	6	6	6	6	6	7	6	7	6	6
7	8	7	8	7	9	7	9	7	9	7	8
8	11	8	10	8	12	8	11	8	11	8	11
9	14	9	13	9	15	9	13	9	14	9	14
10	17	10	16	10	18	10	16	10	17	10	17
11	20	11	19	11	21	11	18 ½	11	20	11	20
12	23	12	22	12	25	12	21	12	23	12	24
13	26	13	25	13	29	13	24	13	26	13	28
14	30	14	29	14	33	14	28	14	30	14	32
15	34	15	33	15	37	15	32	15	34	15	36
16	38	16	36	16	40	16	36	16	37	16	40
17	42	17	40	17	44	17	40	17	41	17	44
18	46	18	44	18	49	18	44	18	45	18	49
19	50	19	48	19	53 ½	19	48	19	49	19	53
20	54	20	52	20	57	20	53	20	53	20	57
21	58	21	56	21	61	21	58	21	57	21	62
22	62	22	60	22	66	22	63	22	61	22	67
23	66	23	64	23	70	23	68	23	66	23	72
24	70	24	68	24	75	24	72	24	70	24	76
25	74	25	72	25	79 ½	25	76	25	74	25	81
26	78	26	76	26	84	26	80	26	78	26	85
27	83	27	80	27	88	27	84	27	82	27	90
28	88	28	84	28	93	28	89	28	87	28	95
29	93	29	88	29	98	29	94	29	92	29	1.00
30	98	30	93	30	1.03	30	98 ½	30	96	30	1.05
31	1.03	31	98	31	1.07	31	1.03	31	1.00	31	1.10
32	1.08	32	1.03	31.50	1.10	32	1.08	32	1.04		
32.30	1.10	33	1.08			32.50	1.10	33	1.08		
		33.50	1.10					33.20	1.10		

| 222 FUT MARSEILLE | | 225 BUSSE COGNAC | | 225 FUT MADÈRE | | 226 FUT MADÈRE | | 226 FUT CHINON | | 227 FUT BORDEAUX | |
| Fonds 0,556 Bouge 0,664 | | Fonds 0,527 Bouge 0,620 | | Fonds 0,507 Bouge 0,655 | | Fonds 0,482 Bouge 0,620 | | Fonds 0,595 Bouge 0,660 | | Fonds 0,588 Bouge 0,655 | |
cent.	litres.	cent.	litres.	cent.	litres.	cent.	litres.	cent.	litres.	cent.	litres.
3	1	3	1	3	1	3	1	3	1	3	1
4	2	4	2	4	2	4	2	4	3	4	3
5	4	5	4	5	3	5	3	5	5	5	5
6	6	6	6	6	5	6	5	6	7	6	7
7	8	7	9	7	7	7	7	7	9	7	9
8	11	8	12	8	10	8	10	8	12	8	12
9	14	9	15	9	13	9	13	9	15	9	15
10	17	10	18	10	16	10	16	10	18	10	18
11	20	11	22	11	19	11	20	11	21	11	22
12	23	12	25 ½	12	23	12	23	12	24	12	25
13	26	13	29	13	26 ½	13	27	13	28	13	29
14	30	14	33	14	30	14	31	14	32	14	33
15	34	15	37	15	34	15	35	15	35 ½	15	36
16	38	16	41	16	38	16	40	16	39	16	40
17	42	17	45	17	42	17	44	17	43	17	44
18	46	18	50	18	47	18	48	18	47	18	48
19	50	19	54 ½	19	51 ½	19	53	19	51	19	52
20	54	20	59	20	56	20	58	20	55	20	56
21	58	21	63 ½	21	60	21	63	21	59	21	60
22	62	22	68	22	65	22	67 ½	22	63 ½	22	64
23	66	23	73	23	69 ½	23	72	23	68	23	68
24	70	24	78	24	74	24	77	24	72	24	72
25	75	25	83	25	79	25	82	25	76	25	76
26	80	26	87 ½	26	84	26	87	26	81	26	81
27	84 ½	27	92	27	89	27	92	27	85 ½	27	86
28	88	28	97	28	94	28	97	28	90	28	91
29	92	29	1.02	29	99	29	1.02	29	94	29	96
30	97	30	1.07	30	1.04	30	1.07	30	98	30	1.01
31	1.02	31	1.12.50	31	1.09	31	1.13	31	1.03	31	1.06
32	1.06			31.75	1.12.50			32	1.08	32	1.11
33	1.10							33	1.13	32.65	1.13.50
33.20	1.11										

228 FUT BEAUNE — Fonds 0,620 Bouge 0,655		228 BUSSE SAUMUR — Fonds 0,512 Bouge 0,618		230 FUT BEAUNE — Fonds 0,585 Bouge 0,678		230 FUT ORLÉANS — Fonds 0,609 Bouge 0,685		230 BARRIQUE COGNAC — Fonds 0,557 Bouge 0,625		231 FUT RICEYS — Fonds 0,585 Bouge 0,678	
cent.	litres.	cent.	litres.	cent.	litres.	cent.	litres.	cent.	litres.	cent.	litres.
2	1	3	1	3	1	3	1	3	1	3	1
3	2	4	3	4	2	4	2	4	2	4	2
4	4	5	5	5	3	5	4	5	4	5	3
5	6	6	7	6	5	6	6	6	6	6	5
6	8	7	9	7	7	7	8	7	9	7	7
7	11	8	12	8	10	8	11	8	12	8	10
8	14	9	15	9	13	9	14	9	15	9	13
9	17	10	18	10	16	10	17	10	18	10	16
10	20	11	22	11	19	11	20	11	21	11	19
11	23	12	26	12	22	12	23	12	25	12	22
12	27	13	30	13	25	13	26	13	29	13	25
13	31	14	34	14	29	14	29	14	33	14	28
14	35	15	38	15	32	15	33	15	37	15	32
15	39	16	42	16	36	16	36	16	41	16	36
16	43	17	46	17	40	17	40	17	45	17	40
17	47	18	50	18	44	18	44	18	50	18	44
18	51	19	54	19	48	19	48	19	55	19	48
19	55	20	59	20	52	20	52	20	60	20	52
20	60	21	64	21	56	21	56	21	64	21	56
21	64	22	69	22	60	22	60	22	69	22	60
22	68	23	74	23	65	23	64	23	74	23	65
23	72	24	79	24	70	24	68	24	79	24	70
24	76	25	84	25	74	25	72	25	84	25	75
25	80	26	89	26	79	26	76	26	88	26	79
26	84	27	94	27	84	27	80	27	93	27	84
27	88	28	99	28	88	28	84	28	98	28	88
28	92	29	1.04	29	92	29	88	29	1.03	29	92
29	96	30	1.09	30	96	30	93	30	1.08	30	96
30	1.00	30,90	1.14	31	1.01	31	98	31	1.13	31	1.01
31	1.05			32	1.06	32	1.03	31.25	1.15	32	1.06
32	1.10			33	1.11	33	1.08			33	1.11
32.65	1.14			33,90	1.15	34	1.13			33,90	1.15,50
						34,25	1.15				

232		234		234		234		235		235	
FUT BARCELONNE		TIERCEROLLE DE NICE		FUT D'HUILE		BUSSE ANJOU		FUT MADÈRE		FUT MADÈRE	
Fonds 0,506 Bouge 0.627		Fonds 0,540 Bouge 0,623		Fonds 0,525 Bouge 0,620		Fonds 0,602 Bouge 0,685		Fonds 0,510 Bouge 0,640		Fonds 0,515 Bouge 0,630	
cent.	litres.	cent.	litres.	cent.	litres.	cent.	litres.	cent.	litres.	cent.	litres.
3	1	3	1	3	1	3	1	3	1	3	1
4	2	4	2	4	2	4	2	4	2	4	2
5	4	5	4	5	4	5	3	5	3	5	4
6	6	6	6	6	6	6	5	6	5	6	6
7	9	7	9	7	9	7	7	7	7	7	8
8	12	8	12	8	12	8	9	8	10	8	11
9	15	9	15	9	15	9	11	9	13	9	14
10	18	10	18	10	18	10	14	10	16	10	17
11	22	11	22	11	22	11	18	11	19	11	20
12	25	12	26	12	26	12	22	12	23	12	24
13	29	13	30	13	30	13	25	13	27	13	28
14	33	14	34	14	34	14	29	14	31	14	32
15	37	15	38	15	38	15	33	15	35	15	36
16	41	16	42	16	42	16	37	16	39	16	41 ½
17	46	17	46	17	46	17	41	17	43	17	45
18	50	18	51	18	51	18	45	18	48	18	50
19	54	19	56	19	56	19	49	19	53	19	54
20	59	20	61	20	60	20	53	20	57 ½	20	59
21	64	21	66	21	65	21	57	21	62	21	64
22	69	22	71	22	70	22	61	22	67	22	69
23	73	23	76	23	75	23	65	23	72	23	74
24	78	24	81	24	80	24	70	24	77	24	79
25	83	25	86	25	85	25	74 ½	25	82	25	84
26	88	26	91	26	90	26	79	26	87	26	89
27	94	27	96	27	96	27	83	27	92	27	94
28	99	28	1.01	28	1.01	28	87 ½	28	97	28	99
29	1.04	29	1.05	29	1.06	29	92	29	1.02	29	1.04
30	1.09	30	1.10	30	1.11	30	96	30	1.07	30	1.09
31	1.14	31	1.15	31	1.17	31	1.00	31	1.12	31	1.14
31.35	1.16	31.15	1.17			32	1.05	32	1.17.50	31.50	1.17.50
						33	1.10				
						34	1.15				
						34.25	1.17				

235		235		236		238		238		240	
LONGUETTE JARNAC		BUSSE COGNAC		TIERCEROLLE		FUT BLOIS		FUT TOURAINE		BUSSE COGNAC	
Fonds 0,495 Bouge 0,600		Fonds 0,505 Bouge 0,630		Fonds 0,505 Bouge 0,619		Fonds 0,636 Bouge 0,692		Fonds 0,635 Bouge 0,705		Fonds 0,550 Bouge 0,640	
cent.	litres.	cent.	litres.	cent.	litres.	cent.	litres.	cent.	litres.	cent.	litres.
3	1	3	1	3	1	3	1	3	1	3	1
4	2	4	2	4	3	4	3	4	2	4	2
5	3	5	4	5	5	5	5	5	4	5	4
6	5	6	6	6	7	6	7	6	6	6	6
7	8	7	8	7	9	7	9	7	8	7	9
8	11	8	11	8	12	8	11	8	11	8	12
9	14	9	14	9	15	9	14	9	14	9	15
10	18	10	17	10	19	10	17	10	17	10	18
11	21 ½	11	21	11	22	11	20	11	20	11	21
12	25	12	25	12	26	12	23	12	23	12	24
13	29	13	29	13	30	13	26	13	26	13	28
14	34	14	33	14	35	14	30	14	30	14	32
15	38 ½	15	37	15	39	15	34	15	33	15	36
16	42	16	41	16	44	16	38	16	37	16	40
17	46	17	46	17	48	17	42	17	41	17	44
18	51	18	50	18	53	18	46	18	45	18	49
19	56	19	55	19	57	19	50	19	49	19	54
20	61	20	59	20	62	20	54	20	53	20	59
21	66	21	64	21	67	21	58	21	57	21	64
22	71	22	69	22	72	22	62	22	61	22	69
23	76	23	74	23	77	23	66	23	65	23	74
24	82	24	79	24	82	24	71	24	69	24	79
25	88	25	84	25	87	25	75	25	73	25	84
26	94	26	89	26	92	26	79	26	78	26	89
27	1.00	27	94	27	97	27	84	27	82	27	94
28	1.06	28	99	28	1.02	28	88	28	86	28	99
29	1.12	29	1.04	29	1.07	29	92	29	91	29	1.04
30	1.17.50	30	1.09	30	1.12	30	96	30	95	30	1.09
		31	1.14	30.95	1.18	31	1.01	31	1.00	31	1.14
		31.50	1.17.50			32	1.06	32	1.04	32	1.20
						33	1.11	33	1.08		
						34	1.16	34	1.12		
						34.60	1.19	35	1.17		
								35.25	1.19		

240		244		245		245		245		248	
FUT ANGLAIS		FUT CHER		BUSSE COGNAC		BUSSE COGNAC		FUT RHUM		FUT MARMANDE	
Fonds 0,550 Bouge 0,680		Fonds 0,627 Bouge 0,706		Fonds 0,573 Bouge 0,635		Fonds 0,540 Bouge 0,640		Fonds 0,580 Bouge 0,665		Fonds 0,560 Bouge 0,640	
cent.	litres.	cent.	litres.	cent.	litres.	cent.	litres.	cent.	litres.	cent.	litres.
3	1	3	1	3	1	3	1	3	1	3	1
4	2	4	2	4	3	4	2	4	2	4	3
5	3	5	4	5	5	5	4	5	4	5	5
6	4	6	6	6	8	6	6	6	6	6	7
7	6	7	8	7	11	7	8	7	7	7	10
8	9	8	11	8	14	8	11	8	12	8	13
9	12	9	14	9	17	9	14	9	15	9	16
10	15	10	17	10	20	10	18	10	18	10	20
11	18	11	20	11	24	11	22	11	21	11	23
12	21	12	23	12	28	12	26	12	24	12	26
13	24	13	27	13	32	13	30	13	28	13	30
14	28	14	30	14	36	14	34	14	32	14	34
15	32	15	34	15	40	15	38	15	36	15	38
16	36	16	38	16	45	16	42	16	40	16	42
17	40	17	42	17	49	17	46	17	44	17	47
18	44	18	46	18	54	18	51	18	48	18	52
19	48	19	50	19	59	19	56	19	52	19	57
20	52	20	54	20	63	20	61	20	57	20	62
21	56	21	58	21	68	21	66	21	62	21	67
22	60	22	62	22	73	22	70	22	67	22	72
23	65	23	66	23	78	23	75	23	72	23	77
24	70	24	70	24	83	24	80	24	77	24	82
25	75	25	74	25	88	25	85	25	81	25	87
26	80	26	78	26	93	26	90	26	86	26	92
27	85	27	82	27	99	27	95	27	91	27	97
28	90	28	86	28	1.04	28	1.00	28	96	28	1.02
29	95	29	90	29	1.09	29	1.05	29	1.01	29	1.07
30	1.00	30	95	30	1.14	30	1.10	30	1.06	30	1.12
31	1.05	31	1.00	31	1.19	31	1.16	31	1.11	31	1.18
32	1.10	32	1.05	31.75	1.22.50	32	1.22.50	32	1.16	32	1.24
33	1.15	33	1.10					33	1.21		
34	1.20	34	1.15					33.25	1.22.50		
		35	1.20								
		35.30	1.22								

250		250		255		260		265		265	
FUT VOUVRAY		BUSSE COGNAC		BUSSE COGNAC		FUT RHUM		BUSSE COGNAC		FUT TAVEL	
Fonds 0,635		Fonds 0,538		Fonds 0,520		Fonds 0,580		Fonds 0,565		Fonds 0,630	
Bouge 0,713		Bouge 0,640		Bouge 0,650		Bouge 0,680		Bouge 0,665		Bouge 0,700	
cent.	litres.	cent.	litres.	cent.	litres.	cent.	litres.	cent.	litres.	cent.	litres.
2	1	3	1	3	1	3	1	3	1	3	1
3	2	4	2	4	2	4	2	4	2	4	3
4	3	5	4	5	4	5	4	5	4	5	5
5	5	6	6	6	6	6	6	6	6	6	7
6	7	7	9	7	8	7	8	7	9	7	10
7	9	8	12	8	11	8	11	8	12	8	13
8	11	9	15	9	14	9	14	9	15	9	16
9	14	10	18	10	18	10	17	10	18	10	19
10	17	11	22	11	22	11	20	11	22	11	22
11	20	12	26	12	26	12	24	12	26	12	26
12	23	13	30	13	30	13	28	13	30	13	30
13	26	14	34	14	34	14	32	14	34	14	34
14	30	15	38	15	38	15	36	15	38	15	38
15	34	16	43	16	42	16	40	16	42	16	42
16	38	17	48	17	47	17	44	17	47	17	46
17	42	18	52	18	52	18	48	18	52	18	50
18	46	19	57	19	57	19	53	19	57	19	54
19	50	20	62	20	62	20	58	20	62	20	58
20	54	21	67	21	67	21	63	21	67	21	63
21	58	22	72	22	72	22	68	22	72	22	68
22	62	23	77	23	77	23	73	23	77	23	73
23	66	24	82	24	82	24	78	24	82	24	78
24	70	25	87	25	87	25	83	25	87	25	82
25	74	26	92	26	92	26	88	26	92	26	87
26	78	27	98	27	97	27	93	27	07	27	92
27	82	28	1.04	28	1.02	28	98	28	1.02	28	97
28	87	29	1.10	29	1.08	29	1.03	29	1.07	29	1.02
29	92	30	1.15	30	1.14	30	1.08	30	1.12	30	1.07
30	97	31	1.20	31	1.19	31	1.13	31	1.18	31	1.12
31	1.02	32	1.25	32	1.24	32	1.18	32	1.24	32	1.17
32	1.07			32.50	1.27.50	33	1.24	33	1.30	33	1.22
33	1.12					34	1.30	33.25	1.32.50	34	1.27
34	1.17									35	1.32.50
35	1.22										
35.05	1.25										

268		270		270		270		270		275	
FUT TAVEL		FUT TAVEL		BUSSE COGNAC		FUT MADÉRE		FUT D'HUILE		FUT TAVEL	
Fonds 0 612		Fonds 0,560		Fonds 0,557		Fonds 0,556		Fonds 0,555		Fonds 0,642	
Bouge 0,706		Bouge 0,675		Bouge 0,670		Bouge 0,668		Bouge 0,670		Bouge 0,710	
cent.	litres.	cent.	litres.	cent.	litres.	cent.	litres.	cent.	litres.	cent.	litres.
3	1	3	1	3	1	3	1	3	1	3	1
4	3	4	2	4	2	4	2	4	2	4	3
5	5	5	4	5	4	5	4	5	3	5	5
6	7	6	6	6	6	6	6	6	5	6	7
7	10	7	8	7	9	7	8	7	8	7	10
8	12	8	11	8	12	8	11	8	11	8	13
9	15	9	14	9	15	9	14	9	14	9	16
10	18	10	18	10	18	10	17	10	18	10	19
11	22	11	22	11	22	11	21	11	22	11	22
12	26	12	26	12	26	12	25	12	26	12	26
13	30	13	30	13	30	13	29	13	30	13	30
14	34	14	34	14	34	14	33	14	34	14	34
15	38	15	38	15	38	15	37	15	38	15	38
16	42	16	42	16	42	16	42	16	42	16	42
17	46	17	47	17	47	17	47	17	47	17	46
18	50	18	52	18	52	18	52	18	52	18	50
19	54	19	57	19	57	19	57	19	57	19	54
20	58	20	62	20	62	20	62	20	62	20	59
21	62	21	67	21	67	21	67	21	67	21	64
22	67	22	72	22	72	22	72	22	72	22	69
23	72	23	77	23	77	23	77	23	77	23	74
24	77	24	82	24	82	24	82	24	82	24	79
25	82	25	87	25	87	25	87	25	87	25	84
26	87	26	92	26	92	26	92	26	92	26	89
27	92	27	98	27	97	27	97	27	97	27	94
28	97	28	1.03	28	1.02	28	1.03	28	1.02	28	99
29	1.02	29	1.08	29	1.08	29	1.09	29	1.08	29	1.04
30	1.07	30	1.13	30	1.14	30	1.15	30	1.14	30	1.09
31	1.12	31	1.19	31	1.20	31	1.21	31	1.20	31	1.14
32	1.17	32	1.25	32	1.26	32	1.27	32	1.26	32	1.19
33	1.22	33	1.31	33	1.32	33	1.33	33	1.32	33	1.24
34	1.27	33.75	1.35	33.50	1.35	33.40	1.35	33.50	1.35	34	1.29
35	1.32									35	1.35
35.30	1.34									35,50	1.37.50

275		280		286		290		290		295	
BUSSE COGNAC		BUSSE COGNAC		FUT CAHORS		BUSSE COGNAC		FUT BAYONNE		FUT KIRSCH	
Fonds 0,581		Fonds 0,484		Fonds 0,600		Fonds 0,503		Fonds 0,575		Fonds 0,610	
Bouge 0,672		Bouge 0,670		Bouge 0,680		Bouge 0,680		Bouge 0,675		Bouge 0,740	
cent.	litres.	cent.	litres.	cent.	litres.	cent.	litres.	cent.	litres.	cent.	litres.
3	1	3	1	3	1	3	1	3	1	3	1
4	3	4	2	4	3	4	2	4	2	4	2
5	5	5	3	5	5	5	3	5	4	5	4
6	7	6	4	6	7	6	4	6	6	6	6
7	10	7	6	7	10	7	6	7	9	7	9
8	13	8	9	8	13	8	9	8	12	8	12
9	16	9	12	9	16	9	12	9	16	9	15
10	20	10	15	10	20	10	15	10	20	10	18
11	24	11	19	11	24	11	19	11	24	11	22
12	28	12	23	12	28	12	23	12	28	12	26
13	32	13	27	13	32	13	27	13	32	13	30
14	36	14	31	14	37	14	31	14	36	14	34
15	40	15	35	15	41	15	36	15	41	15	38
16	45	16	40	16	46	16	41	16	46	16	42
17	50	17	45	17	51	17	46	17	51	17	46
18	55	18	50	18	56	18	51	18	56	18	50
19	60	19	55	19	61	19	56	19	61	19	54
20	65	20	60	20	65	20	61	20	66	20	59
21	70	21	65	21	71	21	66	21	71	21	64
22	75	22	71	22	76	22	72	22	76	22	69
23	80	23	77	23	81	23	78	23	81	23	74
24	85	24	83	24	86	24	84	24	86	24	79
25	90	25	89	25	91	25	90	25	92	25	84
26	95	26	95	26	96	26	96	26	98	26	89
27	1.00	27	1.01	27	1.01	27	1.02	27	1.04	27	94
28	1.05	28	1.07	28	1.07	28	1.08	28	1.10	28	99
29	1.10	29	1.13	29	1.13	29	1.14	29	1.16	29	1.04
30	1.16	30	1.19	30	1.19	30	1.20	30	1.22	30	1.09
31	1.22	31	1.25	31	1.25	31	1.26	31	1.28	31	1.15
32	1.28	32	1.31	32	1.31	32	1.32	32	1.34	32	1.20
33	1.34	33	1.37	33	1.37	33	1.38	33	1.40	33	1.25
33.60	1.37.50	33.50	1.40	34	1.43	34	1.45	33.75	1.45	34	1.30
										35	1.35
										36	1.41
										37	1.47.50

300		300		300		300		300		307	
FUT BAYONNE		BARRIQUE COGNAC		FUT AUVERGNE		BARRIQUE MONTPELLIER		FUT TAVEL		BARRIQUE COGNAC	
Fonds 0.585 Bouge 0.685		Fonds 0.587 Bouge 0.700		Fonds 0.700 Bouge 0,775		Fonds 0,660 Bouge 0,700		Fonds 0.624 Bouge 0,725		Fonds 0.595 Bouge 0,720	
cent.	litres.	cent.	litres.	cent.	litres.	cent.	litres.	cent.	litres.	cent.	litres.
3	1	3	1	3	1	3	1	3	1	3	1
4	2	4	3	4	2	4	2	4	2	4	2
5	4	5	5	5	4	5	3	5	4	5	4
6	7	6	7	6	6	6	5	6	6	6	6
7	10	7	10	7	9	7	8	7	9	7	8
8	13	8	13	8	12	8	12	8	12	8	11
9	16	9	16	9	15	9	16	9	15	9	14
10	20	10	20	10	18	10	20	10	18	10	18
11	24	11	24	11	22	11	24	11	22	11	22
12	28	12	28	12	26	12	28	12	26	12	26
13	32	13	32	13	30	13	33	13	30	13	30
14	36	14	36	14	34	14	38	14	34	14	34
15	41	15	40	15	38	15	43	15	38	15	38
16	46	16	45	16	42	16	48	16	42	16	42
17	51	17	50	17	46	17	53	17	47	17	47
18	56	18	55	18	50	18	58	18	52	18	52
19	61	19	60	19	54	19	63	19	57	19	57
20	66	20	65	20	59	20	68	20	62	20	62
21	71	21	70	21	64	21	73	21	67	21	67
22	76	22	75	22	69	22	78	22	72	22	72
23	82	23	80	23	74	23	83	23	77	23	77
24	88	24	85	24	79	24	88	24	82	24	82
25	94	25	90	25	84	25	93	25	87	25	87
26	1.00	26	96	26	89	26	98	26	92	26	92
27	1.06	27	1.02	27	94	27	1.03	27	97	27	97
28	1.12	28	1.08	28	99	28	1.08	28	1.02	28	1.03
29	1.18	29	1.14	29	1.04	29	1.14	29	1.07	29	1.09
30	1.24	30	1.20	30	1.09	30	1.20	30	1.12	30	1.15
31	1.30	31	1.26	31	1.14	31	1.26	31	1.18	31	1.21
32	1.36	32	1.32	32	1.19	32	1.32	32	1.24	32	1.27
33	1.42	33	1.38	33	1.24	33	1.38	33	1 30	33	1.33
34	1.48	34	1.44	34	1.29	34	1.44	34	1.36	34	1.40
34.25	1.50	35	1.50	35	1.34	35	1.50	35	1.42	35	1.47
				36	1.39			36	1.48	36	1.53.50
				37	1.44			36.25	1.50		
				38	1.48						
				38.75	1.50						

310		315		315		320		325		325	
BARRIQUE MONTPELLIER		FUT RHUM		FUT BAYONNE		BARRIQUE MONTPELLIER		BARRIQUE COGNAC		BARRIQUE MONTPELLIER	
Fonds 0,674 Bouge 0,715		Fonds 0,564 Bouge 0,710		Fonds 0,600 Bouge 0,700		Fonds 0,600 Bouge 0,740		Fonds 0,623 Bouge 0,720		Fonds 0,620 Bouge 0,730	
cent.	litres.	cent.	litres.	cent.	litres.	cent.	litres.	cent.	litres.	cent.	litres.
3	1	3	1	3	1	3	1	3	1	3	1
4	2	4	2	4	2	4	2	4	3	4	2
5	4	5	4	5	3	5	3	5	5	5	4
6	6	6	6	6	5	6	5	6	7	6	6
7	9	7	8	7	8	7	8	7	10	7	9
8	12	8	11	8	12	8	11	8	13	8	12
9	15	9	14	9	16	9	14	9	16	9	15
10	18	10	17	10	20	10	17	10	20	10	19
11	22	11	21	11	24	11	21	11	24	11	23
12	26	12	25	12	28	12	25	12	28	12	27
13	30	13	30	13	32	13	29	13	32	13	31
14	35	14	35	14	37	14	33	14	37	14	35
15	40	15	40	15	42	15	37	15	42	15	40
16	45	16	45	16	47	16	42	16	47	16	45
17	50	17	50	17	52	17	47	17	52	17	50
18	55	18	55	18	57	18	52	18	57	18	55
19	60	19	60	19	62	19	57	19	62	19	60
20	65	20	65	20	67	20	62	20	67	20	65
21	70	21	70	21	73	21	67	21	72	21	70
22	75	22	75	22	79	22	72	22	77	22	76
23	80	23	80	23	85	23	77	23	83	23	82
24	85	24	85	24	91	24	82	24	89	24	88
25	91	25	90	25	97	25	88	25	95	25	94
26	97	26	96	26	1.03	26	94	26	1.01	26	1.00
27	1.03	27	1.02	27	1.09	27	1.00	27	1.07	27	1.06
28	1.09	28	1.08	28	1.15	28	1.06	28	1.13	28	1.12
29	1 15	29	1.14	29	1.21	29	1.12	29	1.19	29	1.18
30	1.20	30	1.20	30	1.27	30	1.18	30	1.25	30	1.24
31	1.26	31	1.26	31	1.33	31	1.24	31	1.31	31	1.29
32	1.32	32	1.32	32	1.39	32	1.30	32	1.37	32	1.35
33	1.38	33	1.30	33	1.45	33	1.36	33	1.43	33	1.41
34	1.44	34	1.46	34	1.51	34	1.42	34	1.49	34	1.47
35	1.50	35	1.53	35	1.57.50	35	1.48	35	1.55	35	1.53
35.75	1.55	35.50	1.57.50			36	1.54	36	1.62.50	36	1.59
						37	1.60			36.50	1.62.50

330 BARRIQUE MONTPELLIER Fonds 0,630 Bouge 0,740		334 FUT AUVERGNE Fonds 0,720 Bouge 0,800		326 BARRIQUE COGNAC Fonds 0,600 Bouge 0,710		338 SAINT-JEAN-D'ANGÉLY Fonds 0,591 Bouge 0,730		335 BARRIQUE COGNAC Fonds 0,630 Bouge 0,735		340 BARRIQUE MONTPELLIER Fonds 0,646 Bouge 0,750	
cent.	litres.	cent.	litres.	cent.	litres.	cent.	litres.	cent.	litres.	cent.	litres.
3	1	3	1	3	1	3	1	3	1	3	1
4	2	4	2	4	2	4	2	4	2	4	2
5	4	5	4	5	4	5	3	5	4	5	4
6	6	6	6	6	6	6	5	6	6	6	6
7	9	7	9	7	9	7	8	7	9	7	9
8	12	8	12	8	12	8	11	8	12	8	12
9	15	9	15	9	16	9	14	9	16	9	15
10	19	10	18	10	20	10	18	10	20	10	19
11	23	11	21	11	24	11	22	11	24	11	23
12	27	12	24	12	28	12	26	12	28	12	27
13	31	13	28	13	32	13	30	13	32	13	31
14	35	14	32	14	37	14	35	14	37	14	35
15	40	15	36	15	42	15	40	15	42	15	40
16	45	16	40	16	47	16	45	16	47	16	45
17	50	17	45	17	52	17	50	17	52	17	50
18	55	18	50	18	57	18	55	18	57	18	55
19	60	19	55	19	62	19	60	19	62	19	60
20	65	20	60	20	67	20	65	20	67	20	65
21	70	21	65	21	72	21	71	21	72	21	70
22	75	22	70	22	78	22	76	22	77	22	76
23	80	23	75	23	84	23	82	23	82	23	82
24	86	24	80	24	90	24	89	24	88	24	88
25	92	25	85	25	96	25	96	25	94	25	94
26	98	26	90	26	1.02	26	1.02	26	1.00	26	1.00
27	1.04	27	95	27	1.08	27	1.08	27	1.06	27	1.06
28	1.10	28	1.00	28	1.14	28	1.14	28	1.12	28	1.12
29	1.16	29	1.05	29	1.20	29	1.20	29	1.19	29	1.18
30	1.22	30	1.10	30	1.26	30	1.26	30	1.26	30	1.24
31	1.28	31	1.15	31	1.32	31	1.33	31	1.32	31	1.30
32	1.34	32	1.20	32	1.38	32	1.40	32	1.38	32	1.36
33	1.40	33	1.25	33	1.45	33	1.46	33	1.44	33	1.42
34	1.46	34	1.31	34	1.52	34	1.52	34	1.50	34	1.48
35	1.52	35	1.37	35	1.59	35	1.59	35	1.56	35	1.54
36	1.58	36	1.43	35,50	1.63	36	1.66	36	1.62	36	1.60
37	1.65	37	1.49			36,50	1.69	36,75	1.67,50	37	1.67
		38	1.55							37,50	1.70
		39	1.61								
		40	1.67								

340		345		350		350		353		360	
FUT MADÈRE		BARRIQUE COGNAC		BARRIQUE COGNAC		1/2 MUID MONTPELLIER		1/2 MUID LANGUEDOC		BARRIQUE COGNAC	
Fonds 0,580 Bouge 0,730		Fonds 0,640 Bouge 0,750		Fonds 0,650 Bouge 0,755		Fonds 0,642 Bouge 0,730		Fonds 0,650 Bouge 0,746		Fonds 0,625 Bouge 0,730	
cent.	litres.	cent.	litres.	cent.	litres.	cent.	litres.	cent.	litres.	cent.	litres.
3	1	3	1	3	1	3	1	2	1	2	1
4	2	4	2	4	2	4	2	3	2	3	2
5	3	5	4	5	4	5	4	4	3	4	3
6	5	6	6	6	6	6	6	5	5	5	5
7	7	7	9	7	9	7	9	6	8	6	7
8	10	8	12	8	12	8	12	7	11	7	10
9	13	9	15	9	15	9	16	8	14	8	13
10	16	10	19	10	19	10	20	9	18	9	17
11	20	11	23	11	23	11	25	10	22	10	21
12	24	12	27	12	27	12	30	11	26	11	25
13	28	13	31	13	32	13	35	12	30	12	30
14	33	14	36	14	37	14	40	13	34	13	35
15	38	15	41	15	42	15	45	14	39	14	40
16	43	16	46	16	47	16	50	15	44	15	45
17	48	17	51	17	52	17	55	16	49	16	50
18	53	18	56	18	57	18	60	17	54	17	55
19	59	19	61	19	62	19	66	18	59	18	60
20	65	20	66	20	67	20	72	19	65	19	65
21	70	21	71	21	73	21	78	20	70	20	71
22	76	22	76	22	79	22	84	21	76	21	76
23	82	23	82	23	85	23	90	22	81	22	83
24	88	24	88	24	91	24	96	23	87	23	90
25	94	25	94	25	97	25	1.02	24	93	24	97
26	1.00	26	1.00	26	1.03	26	1.08	25	99	25	1.04
27	1.06	27	1.06	27	1.09	27	1.14	26	1.05	26	1.10
28	1.13	28	1.12	28	1.15	28	1.20	27	1.12	27	1.16
29	1.20	29	1.18	29	1.21	29	1.26	28	1.18	28	1.22
30	1.27	30	1.24	30	1.27	30	1.32	29	1.24	29	1.28
31	1.33	31	1.30	31	1.33	31	1.38	30	1.30	30	1.34
32	1.40	32	1.36	32	1.39	32	1.45	31	1.36	31	1.40
33	1.46	33	1.42	33	1.45	33	1.52	32	1.42	32	1.47
34	1.53	34	1.48	34	1.51	34	1.58	33	1.49	33	1.54
35	1.60	35	1.55	35	1.57	35	1.65	34	1.55	34	1.61
36	1.67	36	1.62	36	1.64	36	1.72	35	1.62	35	1.68
36,50	1.70	37	1.69	37	1.70	36,50	1.75	36	1.68	36	1.76
		37,50	1.72.50	37,75	1.75			37	1.74	36,50	1.80
								37,30	1.76,50		

| 360 BARRIQUE COGNAC | | 360 BARRIQUE COGNAC | | 366 1/2 MUID LANGUEDOC | | 373 FUT RHUM | | 374 1/2 BOTTE D'HUILE | | 376 1/2 BOTTE D'HUILE | |
| Fonds 0,613 Bouge 0,758 | | Fonds 0,525 Bouge 0,730 | | Fonds 0,692 Bouge 0,767 | | Fonds 0,683 Bouge 0,794 | | Fonds 0,690 Bouge 0,747 | | Fonds 0,660 Bouge 0,750 | |
cent.	litres.	cent.	litres.	cent.	litres.	cent.	litres.	cent.	litres.	cent.	litres.
3	1	3	1	3	1	3	1	3	2	2	1
4	2	4	2	4	3	4	2	4	4	3	2
5	4	5	3	5	5	5	4	5	6	4	4
6	6	6	4	6	8	6	6	6	9	5	6
7	8	7	7	7	11	7	9	7	12	6	9
8	11	8	11	8	14	8	12	8	15	7	12
9	14	9	15	9	18	9	15	9	19	8	15
10	18	10	20	10	22	10	19	10	23	9	19
11	22	11	25	11	26	11	23	11	28	10	23
12	26	12	30	12	30	12	27	12	33	11	28
13	30	13	35	13	35	13	31	13	38	12	33
14	35	14	40	14	40	14	35	14	43	13	38
15	40	15	45	15	45	15	40	15	48	14	43
16	45	16	50	16	50	16	45	16	53	15	48
17	50	17	55	17	55	17	50	17	58	16	53
18	55	18	60	18	60	18	55	18	63	17	58
19	61	19	66	19	65	19	60	19	69	18	63
20	67	20	72	20	70	20	65	20	75	19	69
21	73	21	78	21	75	21	70	21	81	20	75
22	79	22	84	22	80	22	76	22	87	21	81
23	85	23	90	23	86	23	82	23	93	22	87
24	91	24	96	24	92	24	88	24	99	23	93
25	97	25	1.03	25	98	25	94	25	1.05	24	99
26	1.03	26	1.10	26	1.04	26	1.00	26	1.11	25	1.05
27	1.09	27	1.16	27	1.10	27	1.06	27	1.17	26	1.11
28	1.15	28	1.22	28	1.16	28	1.12	28	1.23	27	1.17
29	1.21	29	1.28	29	1.22	29	1.18	29	1.30	28	1.23
30	1.27	30	1.34	30	1.28	30	1.24	30	1.37	29	1.29
31	1.33	31	1.40	31	1.34	31	1.30	31	1.44	30	1.35
32	1.39	32	1.47	32	1.40	32	1.36	32	1.51	31	1.42
33	1.46	33	1.54	33	1.46	33	1.42	33	1.58	32	1.49
34	1.53	34	1.61	34	1.53	34	1.48	34	1.65	33	1.56
35	1.60	35	1.68	35	1.60	35	1.54	35	1.72	34	1.63
36	1.67	36	1.76	36	1.67	36	1.60	36	1.79	35	1.70
37	1.74	36.50	1.80	37	1.74	37	1.67	37	1.86	36	1.77
37.90	1.80			38	1.81	38	1.75	37.35	1.87	37	1.84
				38.35	1.83	39	1.83			37.50	1.88
						39.70	1.86.50				

390		390		395		400		400		408	
PIPE ARMAGNAC		1/2 BOTTE D'HUILE		BUSSARD		1/2 MUID LANGUEDOC		FUT RHUM		PIPE MADÈRE	
Fonds 0,646 Bouge 0,752		Fonds 0,660 Bouge 0,780		Fonds 0,690 Bouge 0,800		Fonds 0,687 Bouge 0,780		Fonds 0,670 Bouge 0,800		Fonds 0,562 Bouge 0,750	
cent.	litres.	cent.	litres.	cent.	litres.	cent.	litres.	cent.	litres.	cent.	litres.
3	1	3	1	3	1	2	1	3	1	3	1
4	3	4	2	4	2	3	2	4	2	4	2
5	5	5	4	5	4	4	3	5	3	5	4
6	7	6	7	6	6	5	5	6	6	6	6
7	10	7	10	7	9	6	8	7	9	7	9
8	13	8	13	8	12	7	11	8	12	8	12
9	17	9	16	9	15	8	14	9	15	9	16
10	21	10	20	10	19	9	18	10	18	10	20
11	26	11	24	11	23	10	22	11	22	11	25
12	31	12	28	12	28	11	26	12	27	12	30
13	36	13	33	13	33	12	31	13	32	13	35
14	41	14	38	14	37	13	36	14	37	14	40
15	46	15	43	15	41	14	41	15	42	15	46
16	51	16	48	16	46	15	46	16	47	16	52
17	56	17	53	17	52	16	51	17	52	17	58
18	62	18	58	18	58	17	56	18	57	18	65
19	68	19	64	19	63	18	62	19	63	19	72
20	74	20	70	20	69	19	68	20	69	20	79
21	80	21	76	21	75	20	74	21	75	21	86
22	86	22	82	22	81	21	80	22	81	22	93
23	92	23	88	23	87	22	86	23	87	23	1.00
24	99	24	94	24	93	23	92	24	93	24	1.07
25	1.06	25	1.00	25	99	24	98	25	99	25	1.14
26	1.13	26	1.06	26	1.05	25	1.05	26	1.06	26	1.21
27	1.20	27	1.13	27	1.11	26	1.11	27	1.12	27	1.29
28	1.27	28	1.20	28	1.18	27	1.18	28	1.18	28	1.37
29	1.34	29	1.27	29	1.24	28	1.24	29	1.24	29	1.45
30	1.41	30	1.33	30	1.30	29	1.31	30	1.31	30	1.52
31	1.48	31	1.40	31	1.37	30	1.38	31	1.38	31	1.60
32	1.55	32	1.46	32	1.44	31	1.45	32	1.45	32	1.68
33	1.62	33	1.53	33	1.50	32	1.51	33	1.52	33	1.76
34	1.69	34	1.60	34	1.57	33	1.58	34	1.59	34	1.84
35	1.76	35	1.67	35	1.64	34	1.65	35	1.65	35	1.92
36	1.83	36	1.74	36	1.70	35	1.72	36	1.72	36	2.00
37	1.90	37	1.81	37	1.77	36	1.79	37	1.79	36.50	2.04
37.60	1.95	38	1.88	38	1.84	37	1.86	38	1.86		
		39	1.95	39	1.91	38	1.93	39	1.93		
				40	1.97.50	39	2.00	40	2.00		

410		420		420		420		424		424	
TIERÇON ARMAGNAC		TIERÇON ARMAGNAC		PIPE COGNAC		FUT ANGLAIS		MUID LANGUEDOC		1/2 BOTTE D'HUILE	
Fonds 0,630 Bouge 0,760		Fonds 0,640 Bouge 0,776		Fonds 0,550 Bouge 0,750		Fonds 0,700 Bouge 0,840		Fonds 0,695 Bouge 0,844		Fonds 0,672 Bouge 0,813	
cent.	litres.	cent.	litres.	cent.	litres.	cent.	litres.	cent.	litres.	cent.	litres.
3	1	3	1	3	1	3	1	3	1	2	1
4	2	4	2	4	2	4	2	4	2	3	2
5	4	5	4	5	3	5	3	5	3	4	3
6	7	6	7	6	6	6	5	6	5	5	5
7	10	7	10	7	9	7	7	7	7	6	8
8	13	8	14	8	12	8	10	8	10	7	11
9	17	9	18	9	16	9	14	9	13	8	14
10	21	10	22	10	20	10	18	10	17	9	18
11	25	11	26	11	24	11	22	11	21	10	22
12	30	12	31	12	29	12	26	12	25	11	26
13	35	13	36	13	34	13	30	13	29	12	31
14	40	14	41	14	40	14	34	14	33	13	36
15	46	15	47	15	46	15	39	15	37	14	41
16	52	16	53	16	52	16	44	16	42	15	46
17	58	17	59	17	59	17	49	17	47	16	51
18	64	18	65	18	66	18	55	18	52	17	56
19	70	19	71	19	73	19	60	19	58	18	61
20	76	20	77	20	80	20	66	20	64	19	67
21	82	21	83	21	87	21	72	21	70	20	73
22	89	22	89	22	94	22	78	22	77	21	79
23	96	23	96	23	1.01	23	84	23	84	22	85
24	1.03	24	1.03	24	1.08	24	90	24	90	23	91
25	1.10	25	1.10	25	1.16	25	96	25	96	24	97
26	1.17	26	1.17	26	1.24	26	1.02	26	1.02	25	1.04
27	1.24	27	1.24	27	1.32	27	1.08	27	1.08	26	1.10
28	1.31	28	1.31	28	1.40	28	1.15	28	1.14	27	1.17
29	1.38	29	1.39	29	1.48	29	1.22	29	1.20	28	1.23
30	1.45	30	1.46	30	1.56	30	1.28	30	1.26	29	1.30
31	1.52	31	1.53	31	1.64	31	1.34	31	1.33	30	1 37
32	1.59	32	1.60	32	1.72	32	1.40	32	1.40	31	1,43
33	1.67	33	1.67	33	1.80	33	1.47	33	1.47	32	1,50
34	1.74	34	1.75	34	1.88	34	1.54	34	1.54	33	1,57
35	1.81	35	1.82	35	1.97	35	1.61	35	1.61	34	1.64
36	1.88	36	1.90	36	2.06	36	1.68	36	1.68	35	1.74
37	1.96	37	1.98	36.50	2.10	37	1.75	37	1.75	36	1.78
38	2.05	38	2.06			38	1.82	38	1.82	37	1.85
		38.80	2.10			39	1.89	39	1.89	38	1.92
						40	1.96	40	1.96	39	2.00
						41	2.03	41	2.03	40	2.08
						42	2.10	42	2.10	40.65	2.12
								42.20	2.12		

424		424		425		430		435		436	
FUT KIRSCH		FUT RHUM		TIERÇON ARMAGNAC		PIPE SAUMUR		1/2 BOTTE D'HUILE		FUT BENICARLOS	
Fonds 0,734 Bouge 0,855		Fonds 0,704 Bouge 0,820		Fonds 0,688 Bouge 0,800		Fonds 0,583 Bouge 0,750		Fonds 0,700 Bouge 0,800		Fonds 0,610 Bouge 0,735	
cent.	litres.	cent.	litres.	cent.	litres.	cent.	litres.	cent.	litres	cent.	litres.
3	1	3	1	3	1	3	1	3	1	2	1
4	2	4	2	4	3	4	3	4	2	3	2
5	4	5	4	5	5	5	5	5	5	4	3
6	6	6	6	6	7	6	8	6	8	5	5
7	9	7	9	7	10	7	11	7	11	6	8
8	12	8	12	8	13	8	15	8	14	7	11
9	16	9	16	9	17	9	19	9	18	8	15
10	20	10	20	10	21	10	23	10	22	9	19
11	24	11	24	11	26	11	28	11	27	10	24
12	28	12	28	12	31	12	34	12	32	11	29
13	32	13	33	13	36	13	40	13	37	12	35
14	36	14	38	14	41	14	46	14	42	13	41
15	41	15	43	15	46	15	52	15	47	14	47
16	46	16	48	16	51	16	58	16	53	15	53
17	51	17	53	17	57	17	65	17	59	16	59
18	56	18	58	18	63	18	72	18	65	17	65
19	61	19	64	19	69	19	70	19	71	18	72
20	66	20	70	20	75	20	86	20	77	19	79
21	72	21	76	21	81	21	93	21	83	20	86
22	78	22	82	22	87	22	1,00	22	89	21	93
23	84	23	88	23	93	23	1,07	23	95	22	1,00
24	90	24	94	24	99	24	1,14	24	1,02	23	1,07
25	96	25	1,01	25	1,06	25	1,22	25	1,09	24	1,15
26	1,02	26	1,08	26	1,13	26	1,30	26	1,16	25	1,23
27	1,08	27	1,15	27	1,20	27	1,38	27	1,23	26	1,31
28	1,14	28	1,22	28	1,27	28	1,46	28	1,30	27	1,39
29	1,20	29	1,28	29	1,34	29	1,54	29	1,37	28	1,47
30	1,26	30	1,35	30	1,41	30	1,62	30	1,44	29	1,54
31	1,32	31	1,42	31	1,48	31	1,70	31	1,51	30	1,62
32	1,39	32	1,49	32	1,55	32	1,78	32	1,58	31	1,70
33	1,46	33	1,56	33	1,62	33	1,86	33	1,65	32	1,78
34	1,53	34	1,63	34	1,69	34	1,94	34	1,72	33	1,86
35	1,60	35	1,70	35	1,76	35	2,02	35	1,79	34	1,94
36	1,66	36	1,77	36	1,83	36	2,10	36	1,86	35	2,02
37	1,73	37	1,84	37	1,90	36,50	2,15	37	1,93	36	2,10
38	1,80	38	1,91	38	1,97			38	2,04	36,75	2,18
39	1,86	39	1,98	39	2,05			39	2,09		
40	1,93	40	2,05	40	2,12.50			40	2,17.50		
41	2,00	41	2 12								
42	2,07										
42,75	2,12										

440		440		445		446		450		450	
FUT ANGLAIS		FUT PRUSSIEN		PIPE MADÈRE		1/2 BOTTE D'HUILE		TIERÇON ARMAGNAC		1/2 Bte D'HUILE D'ITALIE	
Fonds 0,685 Bouge 0,840		Fonds 0,770 Bouge 0,880		Fonds 0,575 Bouge 0,760		Fonds 0,710 Bouge 0,850		Fonds 0,670 Bouge 0,800		Fonds 0,731 Bouge 0,790	
cent.	litres.	cent.	litres.	cent.	litres.	cent.	litres.	cent.	litres.	cent.	litres.
3	1	3	1	2	1	2	1	2	1	2	1
4	2	4	2	3	2	3	2	3	2	3	3
5	3	5	4	4	3	4	3	4	3	4	5
6	5	6	6	5	5	5	5	5	5	5	8
7	7	7	9	6	7	6	7	6	8	6	11
8	10	8	12	7	10	7	10	7	11	7	15
9	13	9	15	8	13	8	13	8	15	8	19
10	17	10	19	9	16	9	16	9	19	9	23
11	21	11	23	10	20	10	20	10	23	10	28
12	25	12	27	11	24	11	24	11	27	11	33
13	30	13	31	12	28	12	29	12	32	12	38
14	35	14	35	13	33	13	34	13	37	13	43
15	40	15	40	14	38	14	39	14	42	14	48
16	45	16	45	15	44	15	44	15	48	15	54
17	51	17	50	16	50	16	49	16	54	16	60
18	57	18	55	17	57	17	54	17	60	17	66
19	63	19	60	18	64	18	60	18	66	18	72
20	69	20	66	19	71	19	66	19	72	19	78
21	75	21	72	20	78	20	72	20	78	20	84
22	81	22	78	21	85	21	78	21	84	21	91
23	87	23	84	22	92	22	85	22	91	22	98
24	93	24	89	23	1.00	23	92	23	98	23	1.05
25	99	25	95	24	1.08	24	99	24	1.05	24	1.12
26	1.06	26	1.01	25	1.16	25	1.06	25	1.12	25	1.19
27	1.12	27	1.07	26	1.24	26	1.13	26	1.19	26	1.26
28	1.18	28	1.13	27	1.32	27	1.19	27	1.26	27	1.32
29	1.25	29	1.19	28	1.40	28	1.26	28	1.33	28	1.39
30	1.32	30	1.25	29	1.48	29	1.33	29	1.40	29	1.46
31	1.39	31	1.31	30	1.56	30	1.40	30	1.47	30	1.53
32	1.46	32	1.37	31	1.64	31	1.47	31	1.54	31	1.60
33	1.53	33	1.44	32	1.72	32	1.54	32	1.62	32	1.67
34	1.60	34	1.51	33	1.80	33	1.61	33	1.70	33	1.74
35	1.67	35	1.58	34	1.88	34	1.68	34	1.78	34	1.82
36	1.74	36	1.65	35	1.96	35	1.75	35	1.86	35	1.90
37	1.81	37	1.72	36	2.04	36	1.82	36	1.94	36	1.98
38	1.88	38	1.79	37	2.13	37	1.89	37	2.02	37	2.06
39	1.96	39	1.85	38	2.22.50	38	1.96	38	2.10	38	2.14
40	2.04	40	1.92			39	2.03	39	2.18	39	2.20
41	2.12	41	1.99			40	2.11	40	2.25	39.50	2.25
42	2.20	42	2.06			41	2.19				
		43	2.13			41.50	2.23				
		44	2.20								

455 — MUID SAINT-GILLES (Fonds 0,725 / Bouge 0,804)		460 — TIERÇON ARMAGNAC (Fonds 0,710 / Bouge 0,800)		460 — FUT ABSINTHE (Fonds 0,770 / Bouge 0,865)		460 — FUT ANGLAIS (Fonds 0,705 / Bouge 0,834)		464 — FUT ROUSSILLON (Fonds 0,685 / Bouge 0,870)		465 — PIPE ANGLAISE (Fonds 0,635 / Bouge 0,750)	
cent.	litres.	cent.	litres.	cent.	litres.	cent.	litres.	cent.	litres.	cent.	litres.
2	1	2	1	3	1	3	1	3	1	3	1
3	2	3	2	4	3	4	2	4	2	4	3
4	4	4	4	5	5	5	3	5	3	5	5
5	6	5	6	6	8	6	4	6	5	6	8
6	9	6	9	7	11	7	6	7	7	7	12
7	13	7	12	8	14	8	9	8	10	8	16
8	17	8	16	9	18	9	12	9	13	9	20
9	21	9	20	10	22	10	15	10	16	10	25
10	25	10	25	11	26	11	19	11	20	11	31
11	30	11	30	12	30	12	23	12	24	12	37
12	35	12	35	13	35	13	28	13	29	13	43
13	40	13	40	14	40	14	33	14	34	14	49
14	45	14	46	15	45	15	38	15	39	15	55
15	50	15	52	16	50	16	43	16	44	16	61
16	56	16	58	17	55	17	48	17	49	17	68
17	62	17	64	18	61	18	53	18	54	18	75
18	68	18	70	19	67	19	58	19	60	19	82
19	74	19	76	20	73	20	64	20	66	20	89
20	81	20	82	21	79	21	70	21	72	21	96
21	88	21	89	22	85	22	76	22	78	22	1.04
22	95	22	96	23	91	23	82	23	84	23	1.12
23	1.02	23	1.03	24	97	24	88	24	91	24	1.20
24	1.09	24	1.10	25	1.03	25	94	25	98	25	1.28
25	1.16	25	1.17	26	1.09	26	1.01	26	1.05	26	1.30
26	1.23	26	1.24	27	1.16	27	1.08	27	1.12	27	1.44
27	1.30	27	1.31	28	1.22	28	1.15	28	1.19	28	1.52
28	1.37	28	1.39	29	1.29	29	1.21	29	1.26	29	1.60
29	1.44	29	1.46	30	1.36	30	1.28	30	1.33	30	1.68
30	1.51	30	1.53	31	1.43	31	1.35	31	1.40	31	1.76
31	1.58	31	1.60	32	1.50	32	1.42	32	1.47	32	1.85
32	1.65	32	1.68	33	1.57	33	1.49	33	1.54	33	1.94
33	1.72	33	1.76	34	1.64	34	1.56	34	1.61	34	2.02
34	1.79	34	1.84	35	1.71	35	1.63	35	1.68	35	2.10
35	1.87	35	1.92	36	1.78	36	1.70	36	1.75	36	2.19
36	1.95	36	2.00	37	1.85	37	1.77	37	1.83	37	2.28
37	2.03	37	2.07	38	1.92	38	1.84	38	1.90	37.50	2.32.50
38	2.11	38	2.15	39	1.99	39	1.91	39	1.98		
39	2.19	39	2.22	40	2.06	40	1.98	40	2.06		
40	2.27	40	2.30	41	2.13	41	2.05	41	2.14		
40.20	2.27.50			42	2.20	42	2.12	42	2.21		
				43	2.27	43	2.20	43	2.28		
				43.25	2.30	44	2.28	43.50	2.32		
						44.20	2.30				

467		470		470		470		470		474	
MUID LANGUEDOC		TIERÇON ARMAGNAC		FUT ANGLAIS		PIPE ANGLAISE		1/2 BOTTE D'HUILE		PIPE PORTO	
Fonds 0,700 Bouge 0,826		Fonds 0,712 Bouge 0,845		Fonds 0.800 Bouge 0,900		Fonds 0,605 Bouge 0,764		Fonds 0,720 Bouge 0,800		Fonds 0,675 Bouge 0,770	
cent.	litres.	cent.	litres.	cent.	litres.	cent.	litres.	cent.	litres.	cent.	litres
2	1	3	1	3	1	3	1	3	1	2	1
3	2	4	2	4	3	4	2	4	3	3	2
4	3	5	4	5	5	5	3	5	6	4	4
5	4	6	6	6	7	6	6	6	9	5	7
6	6	7	9	7	10	7	9	7	13	6	10
7	9	8	12	8	13	8	13	8	17	7	13
8	13	9	15	9	16	9	17	9	21	8	16
9	17	10	19	10	20	10	22	10	26	9	20
10	21	11	23	11	24	11	27	11	31	10	25
11	26	12	29	12	28	12	32	12	36	11	31
12	31	13	33	13	33	13	38	13	42	12	37
13	36	14	38	14	38	14	44	14	48	13	43
14	41	15	44	15	43	15	50	15	54	14	49
15	47	16	50	16	48	16	56	16	60	15	55
16	53	17	55	17	53	17	63	17	66	16	62
17	59	18	61	18	59	18	70	18	72	17	69
18	65	19	67	19	64	19	77	19	78	18	76
19	71	20	74	20	69	20	84	20	85	19	83
20	77	21	80	21	75	21	92	21	92	20	90
21	83	22	86	22	81	22	99	22	99	21	98
22	90	23	93	23	87	23	1.07	23	1.06	22	1.06
23	97	24	99	24	93	24	1.15	24	1.13	23	1.14
24	1.04	25	1.06	25	99	25	1.23	25	1.20	24	1.22
25	1.11	26	1.13	26	1.06	26	1.31	26	1.27	25	1.30
26	1.18	27	1.20	27	1.12	27	1.39	27	1.34	26	1.39
27	1.25	28	1.28	28	1.18	28	1.47	28	1.41	27	1.47
28	1.32	29	1.35	29	1.24	29	1.55	29	1.49	28	1.55
29	1.39	30	1.42	30	1.30	30	1.64	30	1.56	29	1.63
30	1.46	31	1.49	31	1.37	31	1.72	31	1.64	30	1.71
31	1.53	32	1.57	32	1.44	32	1.80	32	1.72	31	1.79
32	1.60	33	1.64	33	1.51	33	1.89	33	1.80	32	1.87
33	1.67	34	1.72	34	1.58	34	1.98	34	1.88	33	1.95
34	1.74	35	1.79	35	1.65	35	2.07	35	1.95	34	2.03
35	1.82	36	1.87	36	1.72	36	2.15	36	2.03	35	2.10
36	1.90	37	1.94	37	1.79	37	2.23	37	2.11	36	2.18
37	1.98	38	2.02	38	1.86	38	2.32	38	2.19	37	2.26
38	2.06	39	2.10	39	1.92	38.20	2.35	39	2.27	38	2.34
39	2.14	40	2.17	40	1.99			40	2.35	38.50	2.37
40	2.22	41	2.25	41	2.06						
41	2.30	42	2.33	42	2.13						
41.30	2.33.50	42.25	2.35	43	2.20						
				44	2.27						
				45	2.35						

475		480		483		490		500		500	
BOTTE D'HUILE D'ITALIE		TIERÇON ARMAGNAC		1/2 BOTTE D'HUILE		PIPE MADÈRE		FUT SUÈDE		ARMAGNAC	
Fonds 0,755 Bouge 0,830		Fonds 0,700 Bouge 0,815		Fonds 0,710 Bouge 0,830		Fonds 0,600 Bouge 0,800		Fonds 0,710 Bouge 0,857		Fonds 0,730 Bouge 0,845	
cent.	litres.	cent.	litres.	cent.	litres.	cent.	litres.	cent.	litres.	cent.	litres.
2	1	2	1	2	1	3	1	2	1	2	1
3	2	3	2	3	2	4	2	3	2	3	2
4	3	4	3	4	3	5	3	4	3	4	3
5	5	5	5	5	5	6	5	5	5	5	5
6	8	6	8	6	7	7	7	6	7	6	8
7	11	7	11	7	10	8	10	7	10	7	11
8	15	8	15	8	14	9	14	8	13	8	14
9	19	9	19	9	18	10	18	9	16	9	18
10	23	10	23	10	22	11	23	10	20	10	22
11	28	11	28	11	26	12	28	11	24	11	27
12	33	12	33	12	31	13	33	12	28	12	32
13	38	13	38	13	36	14	39	13	33	13	37
14	43	14	44	14	42	15	45	14	38	14	43
15	49	15	50	15	48	16	51	15	44	15	49
16	55	16	56	16	54	17	57	16	50	16	55
17	61	17	62	17	60	18	64	17	56	17	61
18	67	18	68	18	66	19	71	18	63	18	67
19	73	19	75	19	72	20	78	19	70	19	73
20	79	20	82	20	78	21	85	20	77	20	79
21	86	21	89	21	85	22	92	21	84	21	86
22	93	22	96	22	92	23	1.00	22	92	22	93
23	1.00	23	1.03	23	90	24	1.08	23	99	23	1.00
24	1.06	24	1.10	24	1.06	25	1.16	24	1.06	24	1.07
25	1.13	25	1.17	25	1.13	26	1.24	25	1.13	25	1.14
26	1.20	26	1.24	26	1.20	27	1.32	26	1.20	26	1.21
27	1.27	27	1.31	27	1.27	28	1.40	27	1.27	27	1.28
28	1.35	28	1.39	28	1.34	29	1.48	28	1.34	28	1.35
29	1.42	29	1.47	29	1.41	30	1.56	29	1.41	29	1.43
30	1.49	30	1.55	30	1.48	31	1.64	30	1.48	30	1.51
31	1.56	31	1.63	31	1.56	32	1.72	31	1.56	31	1.59
32	1.63	32	1.71	32	1.64	33	1.80	32	1.64	32	1.67
33	1.70	33	1.79	33	1.72	34	1.88	33	1.72	33	1.75
34	1.77	34	1.87	34	1.80	35	1.96	34	1.80	34	1.83
35	1.84	35	1.95	35	1.88	36	2.05	35	1.88	35	1.91
36	1.92	36	2.03	36	1.96	37	2.15	36	1.96	36	1.99
37	2.00	37	2.11	37	2.04	38	2.25	37	2.04	37	2.08
38	2.08	38	2.20	38	2.12	39	2.35	38	2.12	38	2.16
39	2.16	39	2.28	39	2.20	40	2.45	39	2.20	39	2.24
40	2.24	40	2.36	40	2.28			40	2.28	40	2.32
41	2.32	40.65	2.40	41	2.37			41	2.36	41	2.40
41.50	2.37.50			41.50	2.41.50			42	2.44	42	2.48
								42.85	2.50	42.25	2.50

500		500		500		504		504		510	
BOTTE D'HUILE D'ITALIE		PIPE MADÈRE		FUT PRUSSIEN		PIPE SAUMUR		QUEUE		1/2 MUID MONTPELLIER	
Fonds 0,720 Bouge 0,805		Fonds 0,650 Bouge 0,840		Fonds 0,650 Bouge 0,830		Fonds 0,640 Bouge 0,798		Fonds 0,745 Bouge 0,790		Fonds 0,752 Bouge 0,880	
cent.	litres.	cent.	litres.	cent.	litres.	cent.	litres.	cent.	litres.	cent.	litres.
2	1	3	1	3	1	3	1	2	1	3	1
3	2	4	2	4	2	4	2	3	3	4	2
4	4	5	3	5	4	5	4	4	5	5	4
5	7	6	5	6	6	6	7	5	8	6	6
6	10	7	7	7	8	7	10	6	12	7	9
7	13	8	10	8	11	8	13	7	16	8	12
8	17	9	14	9	14	9	17	8	20	9	16
9	22	10	18	10	18	10	22	9	25	10	20
10	27	11	22	11	23	11	27	10	30	11	24
11	32	12	27	12	28	12	32	11	36	12	29
12	37	13	32	13	33	13	37	12	42	13	34
13	43	14	37	14	38	14	43	13	48	14	39
14	49	15	42	15	44	15	49	14	54	15	45
15	55	16	48	16	50	16	56	15	61	16	51
16	61	17	54	17	56	17	63	16	68	17	57
17	68	18	61	18	63	18	70	17	75	18	63
18	75	19	68	19	70	19	77	18	82	19	69
19	82	20	75	20	77	20	84	19	89	20	75
20	89	21	82	21	84	21	91	20	96	21	81
21	96	22	89	22	91	22	99	21	1.04	22	88
22	1.03	23	96	23	98	23	1.07	22	1.12	23	95
23	1.10	24	1.03	24	1.05	24	1.15	23	1.20	24	1.02
24	1.18	25	1.10	25	1.13	25	1.23	24	1.28	25	1.09
25	1.26	26	1.18	26	1.21	26	1.31	25	1.36	26	1.16
26	1.34	27	1.26	27	1.29	27	1.39	26	1.44	27	1.23
27	1.42	28	1.34	28	1.37	28	1.47	27	1.52	28	1.30
28	1.50	29	1.42	29	1.45	29	1.55	28	1.60	29	1.37
29	1.58	30	1.50	30	1.53	30	1.63	29	1.68	30	1.44
30	1.66	31	1.58	3	1.61	31	1.71	30	1.75	31	1.51
31	1.74	32	1.66	3	1.69	32	1.80	31	1.82	32	1.59
32	1.82	33	1.74	33	1.77	33	1.89	32	1.90	33	1.67
33	1.90	34	1.82	34	1.85	34	1.98	33	1.98	34	1.75
34	1.98	35	1.90	35	1.93	35	2.07	34	2.06	35	1.83
35	2.06	36	1.98	36	2.01	36	2.16	35	2.14	36	1.91
36	2.14	37	2.06	37	2.10	37	2.25	36	2.22	37	1.99
37	2.22	38	2.14	38	2.19	38	2.34	37	2.30	38	2.07
38	2.30	39	2.23	39	2.28	30	2.43	38	2.38	39	2.15
39	2.39	40	2.32	40	2.37	39.90	2.52	39	2.46	40	2.23
40	2.48	41	2.41	41	2.46			39.50	2.52	41	2.31
40.25	2.50	42	2.50	41.50	2.50					42	2.39
										43	2.47
										44	2.55

510		510		510		510		515		515	
FUT MADÈRE		FUT ANGLAIS		FUT ANGLAIS		FUT PRUSSIEN		PIPE COLONIALE		FUT HOLLANDAIS	
Fonds 0,660 Bouge 0,850		Fonds 0,590 Bouge 0,800		Fonds 0,660 Bouge 0,870		Fonds 0,770 Bouge 0,920		Fonds 0,425 Bouge 0,520		Fonds 0,660 Bouge 0,810	
cent.	litres.	cent.	litres.	cent.	litres.	cent.	litres.	cent.	litres.	cent.	litres.
3	1	3	1	3	1	3	1	1	1	3	1
4	2	4	2	4	2	4	2	2	2	4	2
5	3	5	3	5	3	5	3	3	4	5	4
6	5	6	5	6	4	6	5	4	8	6	6
7	7	7	8	7	6	7	8	5	13	7	9
8	10	8	11	8	9	8	11	6	19	8	13
9	14	9	14	9	12	9	14	7	27	9	17
10	18	10	18	10	16	10	18	8	36	10	22
11	22	11	23	11	20	11	22	9	45	11	27
12	27	12	28	12	25	12	26	10	55	12	32
13	32	13	34	13	29	13	31	11	65	13	38
14	38	14	40	14	34	14	36	12	76	14	44
15	44	15	46	15	39	15	41	13	87	15	50
16	50	16	53	16	44	16	46	14	99	16	56
17	56	17	60	17	50	17	51	15	1.11	17	63
18	62	18	67	18	56	18	57	16	1.23	18	70
19	69	19	74	19	62	19	63	17	1.36	19	77
20	76	20	81	20	69	20	69	18	1.49	20	84
21	83	21	88	21	76	21	75	19	1.62	21	91
22	90	22	96	22	83	22	81	20	1.75	22	98
23	97	23	1.04	23	90	23	87	21	1.89	23	1.06
24	1.04	24	1.12	24	97	24	94	22	2.03	24	1.14
25	1.11	25	1.20	25	1.04	25	1.00	23	2.16	25	1.22
26	1.19	26	1.28	26	1.11	26	1.07	24	2.29	26	1.30
27	1.27	27	1.36	27	1.19	27	1.14	25	2.43	27	1.38
28	1.35	28	1.45	28	1.26	28	1.21	26	2.57.50	28	1.46
29	1.43	29	1.54	29	1.34	29	1.28			29	1.55
30	1.51	30	1.63	30	1.42	30	1.35			30	1.64
31	1.59	31	1.72	31	1.50	31	1.42			31	1.72
32	1.67	32	1.81	32	1.58	32	1.49			32	1.80
33	1.75	33	1.90	33	1.66	33	1.56			33	1.88
34	1.83	34	1.99	34	1.74	34	1.63			34	1.97
35	1.91	35	2.08	35	1.82	35	1.70			35	2.06
36	1.99	36	2.17	36	1.90	36	1.78			36	2.15
37	2.07	37	2.26	37	1.98	37	1.86			37	2.24
38	2.15	38	2.35	38	2.06	38	1.93			38	2.33
39	2.23	39	2.45	39	2.14	39	2.00			39	2.42
40	2.32	40	2.55	40	2.23	40	2.08			40	2.52
41	2.41			41	2.32	41	2.16			40.50	2.57.50
42	2.50			42	2.41	42	2.24				
42.50	2.55			43	2.50	43	2.31				
				43.50	2.55	44	2.39				
						45	2.47				
						46	2.55				

520		527		530		530		530		530	
FUT PRUSSIEN		PIPE COGNAC		QUEUE		BOTTE D'HUILE D'ITALIE		1/2 MUID MONTPELLIER		FUT LIVERPOOL	
Fonds 0,660 Bouge 0,840		Fonds 0,650 Bouge 0,785		Fonds 0,766 Bouge 0,803		Fonds 0,475 Bouge 0,520		Fonds 0,780 Bouge 0,900		Fonds 0,650 Bouge 0,780	
cent.	litres.	cent.	litres.	cent.	litres.	cent.	litres.	cent.	litres.	cent.	litres.
2	1	2	1	2	1	1	1	3	1	2	1
3	2	3	2	3	3	2	2	4	3	3	2
4	3	4	3	4	6	3	6	5	5	4	3
5	4	5	5	5	10	4	12	6	8	5	5
6	6	6	8	6	14	5	19	7	11	6	8
7	9	7	12	7	19	6	26	8	15	7	12
8	12	8	16	8	24	7	35	9	19	8	16
9	15	9	21	9	29	8	44	10	23	9	21
10	19	10	26	10	34	9	53	11	27	10	26
11	24	11	31	11	39	10	63	12	32	11	32
12	29	12	36	12	45	11	74	13	37	12	38
13	34	13	43	13	51	12	85	14	42	13	44
14	40	14	50	14	57	13	96	15	47	14	50
15	46	15	57	15	63	14	1.08	16	53	15	57
16	52	16	64	16	70	15	1.20	17	59	16	64
17	58	17	71	17	77	16	1.32	18	65	17	71
18	64	18	78	18	84	17	1.44	19	71	18	79
19	71	19	86	19	91	18	1.57	20	77	19	87
20	78	20	94	20	98	19	1.70	21	83	20	95
21	85	21	1.02	21	1.05	20	1.84	22	89	21	1.03
22	93	22	1.10	22	1.13	21	1.98	23	96	22	1.11
23	1.01	23	1.18	23	1.21	22	2.11	24	1.03	23	1.19
24	1.09	24	1.26	24	1.29	23	2.24	25	1.10	24	1.27
25	1.17	25	1.34	25	1.37	24	2.37	26	1.17	25	1.36
26	1.25	26	1.43	26	1.45	25	2.51	27	1.24	26	1.45
27	1.33	27	1.52	27	1.53	26	2.65	28	1.31	27	1.54
28	1.41	28	1.61	28	1.61			29	1.38	28	1.63
29	1.49	29	1.70	29	1.69			30	1.46	29	1.72
30	1.57	30	1.79	30	1.77			31	1.54	30	1.81
31	1.65	31	1.88	31	1.85			32	1.62	31	1.90
32	1.73	32	1.97	32	1.93			33	1.70	32	1.99
33	1.81	33	2.06	33	2.01			34	1.78	33	2.08
34	1.89	34	2.15	34	2.10			35	1.86	34	2.17
35	1.97	35	2.24	35	2.19			36	1.94	35	2.26
36	2.06	36	2.33	36	2.28			37	2.02	36	2.35
37	2.15	37	2.42	37	2.37			38	2.10	37	2.45
38	2.24	38	2.51	38	2.46			39	2.18	38	2.55
39	2.33	39	2.60	39	2.55			40	2.26	39	2.65
40	2.42	39.35	2.63.50	40	2.64			41	2.34		
41	2.51			40.30	2.65			42	2.42		
42	2.60							43	2.50		
								44	2.58		
								45	2 65		

540		545		566		570		570		570	
1/2 MUID MONTPELLIER		FUT AMÉRICAIN		FUT PRUSSIEN		BOTTE D'HUILE D'ITALIE		PIPE COGNAC		FUT PRUSSIEN	
Fonds 0,840 Bouge 0,886		Fonds 0,855 Bouge 0,930		Fonds 0,845 Bouge 0,940		Fonds 0,550 Bouge 0,550		Fonds 0,680 Bouge 0,830		Fonds 0,810 Bouge 0,970	
cent.	litres.	cent.	litres.	cent.	litres.	cent.	litres.	cent.	litres.	cent.	litres.
2	1	3	1	3	1	1	1	2	1	3	1
3	3	4	3	4	3	2	3	3	2	4	2
4	5	5	5	5	5	3	8	4	3	5	3
5	9	6	8	6	8	4	14	5	5	6	5
6	13	7	11	7	11	5	21	6	7	7	7
7	17	8	15	8	15	6	29	7	10	8	10
8	21	9	19	9	19	7	37	8	14	9	13
9	25	10	23	10	23	8	46	9	19	10	17
10	29	11	27	11	27	9	56	10	24	11	21
11	34	12	32	12	32	10	66	11	29	12	25
12	39	13	37	13	37	11	76	12	35	13	30
13	45	14	42	14	43	12	87	13	41	14	35
14	50	15	47	15	49	13	98	14	47	15	40
15	56	16	53	16	55	14	1.09	15	54	16	46
16	62	17	59	17	61	15	1.21	16	61	17	52
17	68	18	65	18	67	16	1.33	17	68	18	57
18	74	19	71	19	73	17	1.46	18	75	19	63
19	80	20	77	20	79	18	1.59	19	83	20	69
20	86	21	83	21	85	19	1.71	20	91	21	76
21	92	22	90	22	92	20	1.83	21	99	22	82
22	98	23	97	23	99	21	1.96	22	1.07	23	88
23	1.04	24	1.04	24	1.06	22	2.09	23	1.15	24	95
24	1.10	25	1.10	25	1.13	23	2.23	24	1.23	25	1.02
25	1.17	26	1.17	26	1.20	24	2.37	25	1.31	26	1.09
26	1.24	27	1.24	27	1.27	25	2.50	26	1.40	27	1.16
27	1.32	28	1.31	28	1.34	26	2.63	27	1.49	28	1.23
28	1.40	29	1.38	29	1.41	27	2.77	28	1.58	29	1.30
29	1.48	30	1.45	30	1.48	27.50	2.85	29	1.67	30	1.37
30	1.56	31	1.52	31	1.55			30	1.76	31	1.44
31	1.64	32	1.59	32	1.62			31	1.85	32	1.53
32	1.72	33	1.66	33	1.70			32	1.94	33	1.60
33	1.80	34	1.73	34	1.78			33	2.03	34	1.67
34	1.88	35	1.80	35	1.86			34	2.12	35	1.75
35	1.96	36	1.88	36	1.94			35	2.21	36	1.83
36	2.04	37	1.96	37	2.02			36	2.30	37	1.91
37	2.12	38	2.04	38	2.10			37	2.40	38	1.99
38	2.20	39	2.12	39	2.18			38	2.50	39	2.07
39	2.28	40	2.20	40	2.26			39	2.60	40	2.15
40	2.36	41	2.28	41	2.34			40	2.70	41	2.23
41	2.44	42	2.36	42	2.42			41	2.80	42	2.31
42	2.52	43	2.44	43	2.50			41.50	2.85	43	2.39
43	2.60	44	2.52	44	2.58					44	2.47
44	2.68	45	2.60	45	2.66					45	2.55
44.30	2.70	46	2.68	46	2.74					46	2.63
		46.50	2.72.50	47	2.83					47	2.71
										48	2.80
										48.50	2.85

570		588		590		590		596		600	
1/2 MUID MONTPELLIER		BARRIQUE COURTE		FUT PRUSSIEN		1/2 MUID MONTPELLIER		BARRIQUE GROSSE		PIPE MONTPELLIER	
Fonds 0,790 Bouge 0,910		Fonds 0,790 Bouge 0,878		Fonds 0,810 Bouge 0,970		Fonds 0,822 Bouge 0,927		Fonds 0,750 Bouge 0,896		Fonds 0,710 Bouge 0,855	
cent.	litres.	cent.	litres.	cent.	litres.	cent.	litres.	cent.	litres.	cent.	litres.
3	1	2	1	3	1	3	1	2	1	2	1
4	3	3	2	4	2	4	2	3	2	3	2
5	5	4	4	5	3	5	4	4	3	4	3
6	8	5	7	6	5	6	7	5	5	5	5
7	11	6	11	7	8	7	10	6	7	6	8
8	15	7	15	8	11	8	14	7	10	7	11
9	19	8	19	9	14	9	18	8	14	8	15
10	23	9	23	10	18	10	22	9	18	9	19
11	28	10	28	11	22	11	26	10	23	10	24
12	33	11	33	12	27	12	31	11	28	11	29
13	39	12	38	13	32	13	36	12	34	12	34
14	45	13	44	14	37	14	42	13	40	13	40
15	51	14	50	15	42	15	48	14	46	14	47
16	57	15	56	16	47	16	54	15	52	15	54
17	63	16	63	17	52	17	60	16	58	16	61
18	69	17	70	18	58	18	67	17	65	17	68
19	75	18	77	19	64	19	74	18	72	18	75
20	82	19	84	20	71	20	81	19	79	19	83
21	89	20	91	21	78	21	88	20	86	20	91
22	96	21	98	22	85	22	95	21	93	21	99
23	1.03	22	1.06	23	92	23	1.02	22	1.00	22	1.07
24	1.10	23	1.14	24	99	24	1.09	23	1.07	23	1.15
25	1.17	24	1.22	25	1.06	25	1.16	24	1.14	24	1.24
26	1.25	25	1.30	26	1.13	26	1.24	25	1.22	25	1.33
27	1.33	26	1.38	27	1.20	27	1.32	26	1.30	26	1.42
28	1.41	27	1.46	28	1.28	28	1.40	27	1.39	27	1.51
29	1.49	28	1.54	29	1.35	29	1.48	28	1.48	28	1.60
30	1.57	29	1.62	30	1.42	30	1.56	29	1.57	29	1.69
31	1.65	30	1.70	31	1.50	31	1.64	30	1.66	30	1.78
32	1.73	31	1.78	32	1.58	32	1.72	31	1.75	31	1.87
33	1.81	32	1.87	33	1.66	33	1.80	32	1.84	32	1.96
34	1.89	33	1.96	34	1.74	34	1.88	33	1.93	33	2.05
35	1.95	34	2.05	35	1.82	35	1.96	34	2.02	34	2.14
36	2.05	35	2.14	36	1.90	36	2.04	35	2.11	35	2.23
37	2.13	36	2.23	37	1.98	37	2.12	36	2.20	36	2.33
38	2.21	37	2.32	38	2.06	38	2.21	37	2.29	37	2.43
39	2.29	38	2.41	39	2.14	39	2.30	38	2.38	38	2.53
40	2.37	39	2.50	40	2.22	40	2.39	39	2.47	39	2.63
41	2.45	40	2.59	41	2.30	41	2.48	40	2.56	40	2.73
42	2.53	41	2.68	42	2.38	42	2.57	41	2.65	41	2.83
43	2.62	42	2.77	43	2.46	43	2.66	42	2.74	42	2.93
44	2.71	43	2.86	44	2.54	44	2.75	43	2.83	42.75	3.00
45	2.80	43.90	2.94	45	2.62	45	2.84	44	2.92		
45.50	2.85			46	2.71	46	2.93	44.80	2.98		
				47	2.80	46.35	2.95				
				48	2.90						
				48.50	2.95						

600		600		600		600		600		604	
PIPE MONTPELLIER		PIPE MONTPELLIER		FUT PRUSSIEN		FUT PRUSSIEN		BOTTE D'HUILE D'ITALIE		PIPE MONTPELLIER	
Fonds 0,750 Bouge 0,870		Fonds 0,740 Bouge 0,885		Fonds 0,680 Bouge 0,950		Fonds 0,850 Bouge 0,990		Fonds 0,555 Bouge 0,588		Fonds 0,720 Bouge 0,878	
cent.	litres.	cent.	litres.	cent.	litres.	cent.	litres.	cent.	litres.	cent.	litres.
2	1	2	1	3	1	3	1	1	1	2	1
3	2	3	2	4	2	4	2	2	3	3	2
4	3	4	3	5	4	5	4	3	6	4	3
5	5	5	5	6	6	6	6	4	12	5	5
6	7	6	7	7	9	7	9	5	19	6	8
7	10	7	10	8	12	8	12	6	27	7	12
8	14	8	14	9	16	9	15	7	35	8	16
9	18	9	18	10	20	10	18	8	43	9	21
10	23	10	23	11	25	11	23	9	52	10	26
11	28	11	28	12	30	12	28	10	61	11	31
12	34	12	33	13	36	13	33	11	71	12	37
13	40	13	39	14	42	14	38	12	81	13	43
14	46	14	45	15	48	15	43	13	92	14	49
15	53	15	51	16	54	16	48	14	1.03	15	55
16	60	16	58	17	60	17	54	15	1.15	16	63
17	67	17	65	18	66	18	60	16	1.27	17	69
18	74	18	72	19	73	19	66	17	1.40	18	76
19	81	19	79	20	80	20	72	18	1.52	19	83
20	89	20	86	21	87	21	79	19	1.64	20	91
21	97	21	94	22	94	22	86	20	1.76	21	99
22	1.05	22	1.02	23	1.01	23	93	21	1.88	22	1.07
23	1.13	23	1.10	24	1.08	24	1.00	22	2.02	23	1.15
24	1.21	24	1.18	25	1.16	25	1.07	23	2.14	24	1.23
25	1.29	25	1.26	26	1.24	26	1.14	24	2.27	25	1.31
26	1.37	26	1.34	27	1.32	27	1.21	25	2.41	26	1.39
27	1.46	27	1.42	28	1.40	28	1.28	26	2.54	27	1.47
28	1.55	28	1.50	29	1.48	29	1.35	27	2.67	28	1.56
29	1.64	29	1.59	30	1.56	30	1.42	28	2.81	29	1.65
30	1.73	30	1.68	31	1.64	31	1.49	29	2.94	30	1.74
31	1.82	31	1.77	32	1.72	32	1.57	29.40	3.00	31	1.83
32	1.91	32	1.86	33	1.80	33	1.65			32	1.92
33	2.00	33	1.95	34	1.88	34	1.73			33	2.01
34	2.09	34	2.04	35	1.96	35	1.81			34	2.10
35	2.18	35	2.13	36	2.05	36	1.89			35	2.19
36	2.27	36	2.22	37	2.14	37	1.97			36	2.28
37	2.36	37	2.31	38	2.23	33	2.05			37	2.37
38	2.45	38	2.40	39	2.32	39	2.13			38	2.46
39	2.55	39	2.49	40	2.41	40	2.21			39	2.55
40	2.65	40	2.58	41	2.50	41	2.29			40	2.65
41	2.75	41	2.68	42	2.59	42	2.37			41	2.75
42	2.85	42	2.78	43	2.68	43	2.45			42	2.85
43	2.95	43	2.88	44	2.77	44	2.53			43	2.95
43.50	3.00	44	2.98	45	2.86	45	2.61			43.90	3.02
		44.25	3.00	46	2.95	46	2.69				
				46.50	3.00	47	2.77				
						48	2.86				
						49	2.95				
						49.50	3.00				

605 FUT PRUSSIEN		610 BOTTE D'HUILE D'ITALIE		610 PIPE MONTPELLIER		610 PIPE MONTPELLIER		610 PIPE MONTPELLIER		615 BOTTE D'HUILE	
Fonds 0,820 Bougé 0,960		Fonds 0,525 Bougé 0,585		Fonds 0,715 Bougé 0,860		Fonds 0,730 Bougé 0,875		Fonds 0,740 Bougé 0,895		Fonds 0,754 Bougé 0,879	
cent.	litres.	cent.	litres.	cent.	litres.	cent.	litres.	cent.	litres.	cent.	litres.
3	1	1	1	2	1	2	1	2	1	2	1
4	2	2	2	3	2	3	2	3	2	3	2
5	4	3	5	4	3	4	3	4	3	4	3
6	6	4	10	5	5	5	5	5	4	5	5
7	9	5	17	6	8	6	7	6	7	6	8
8	12	6	24	7	11	7	10	7	10	7	12
9	16	7	32	8	15	8	14	8	14	8	16
10	20	8	40	9	19	9	18	9	18	9	21
11	24	9	50	10	24	10	23	10	23	10	26
12	29	10	60	11	30	11	29	11	28	11	31
13	35	11	70	12	36	12	34	12	33	12	36
14	40	12	80	13	42	13	40	13	39	13	42
15	46	13	91	14	48	14	46	14	45	14	48
16	52	14	1.03	15	55	15	53	15	51	15	55
17	58	15	1.15	16	62	16	60	16	57	16	62
18	64	16	1.27	17	69	17	67	17	64	17	69
19	70	17	1.39	18	76	18	74	18	71	18	76
20	77	18	1.52	19	84	19	82	19	78	19	83
21	84	19	1.64	20	92	20	90	20	85	20	90
22	91	20	1.77	21	1.00	21	98	21	92	21	98
23	98	21	1.91	22	1.08	22	1.06	22	1.00	22	1.06
24	1.05	22	2.05	23	1.16	23	1.14	23	1.08	23	1.14
25	1.12	23	2.18	24	1.24	24	1.22	24	1.16	24	1.22
26	1.19	24	2.32	25	1.33	25	1.30	25	1.24	25	1.30
27	1.27	25	2.46	26	1.42	26	1.39	26	1.32	26	1.39
28	1.35	26	2.60	27	1.51	27	1.48	27	1.41	27	1.48
29	1.43	27	2.74	28	1.60	28	1.57	28	1.50	28	1.57
30	1.51	28	2.87	29	1.69	29	1.66	29	1.59	29	1.66
31	1.59	29	3.01	30	1.78	30	1.75	30	1.68	30	1.75
32	1.67	29.25	3.05	31	1.87	31	1.84	31	1.77	31	1.84
33	1.75			32	1.96	32	1.93	32	1.86	32	1.93
34	1.83			33	2.05	33	2.02	33	1.95	33	2.02
35	1.91			34	2.15	34	2.11	34	2.04	34	2.11
36	1.99			35	2.25	35	2.20	35	2.13	35	2.20
37	2.07			36	2.35	36	2.29	36	2.22	36	2.29
38	2.15			37	2.45	37	2.38	37	2.31	37	2.38
39	2.23			38	2.55	38	2.47	38	2.40	38	2.48
40	2.31			39	2.65	39	2.57	39	2.49	39	2.58
41	2.39			40	2.75	40	2.67	40	2.58	40	2.68
42	2.48			41	2.85	41	2.77	41	2.67	41	2.78
43	2.57			42	2.95	42	2.87	42	2.77	42	2.88
44	2.66			43	3.05	43	2.97	43	2.87	43	2.98
45	2.75					43.75	3.05	44	2.97	43.95	3.05.50
46	2.84							44.75	3.05		
47	2.93										
48	3.02.50										

620 PIPE MONTPELLIER — Fonds 0,725 / Bouge 0,870		620 PIPE MONTPELLIER — Fonds 0,755 / Bouge 0,880		620 PIPE MONTPELLIER — Fonds 0,745 / Bouge 0,900		620 FUT PRUSSIEN — Fonds 0,800 / Bouge 0,980		620 BOTTE D'HUILE D'ITALIE — Fonds 0,580 / Bouge 0,610		624 PIPE COGNAC — Fonds 0,685 / Bouge 0,834	
cent.	litres.	cent.	litres.	cent.	litres.	cent.	litres.	cent.	litres.	cent.	litres.
2	1	2	1	2	1	3	1	1	1	2	1
3	2	3	2	3	2	4	2	2	2	3	2
4	3	4	3	4	3	5	3	3	6	4	3
5	5	5	5	5	5	6	4	4	11	5	5
6	8	6	7	6	7	7	7	5	18	6	8
7	11	7	11	7	10	8	10	6	26	7	12
8	15	8	15	8	14	9	14	7	34	8	16
9	19	9	19	9	18	10	18	8	42	9	21
10	23	10	24	10	23	11	22	9	51	10	26
11	28	11	29	11	28	12	27	10	61	11	32
12	34	12	35	12	33	13	32	11	71	12	38
13	41	13	41	13	39	14	37	12	81	13	44
14	48	14	47	14	45	15	42	13	91	14	51
15	55	15	54	15	51	16	47	14	1.02	15	58
16	62	16	61	16	57	17	53	15	1.13	16	66
17	69	17	68	17	64	18	59	16	1.24	17	74
18	76	18	75	18	71	19	66	17	1.36	18	82
19	84	19	82	19	78	20	73	18	1.48	19	90
20	92	20	90	20	86·	21	80	19	1.60	20	98
21	1.00	21	98	21	94	22	87	20	1.72	21	1.07
22	1.08	22	1.06	22	1.02	23	94	21	1.85	22	1.16
23	1.16	23	1.14	23	1.10	24	1.01	22	1.98	23	1.25
24	1.24	24	1.22	24	1.18	25	1.08	23	2.11	24	1.34
25	1.33	25	1.31	25	1.26	26	1.15	24	2.24	25	1.43
26	1.42	26	1.39	26	1.34	27	1.23	25	2.37	26	1.52
27	1.51	27	1.47	27	1.42	28	1.31	26	2.50	27	1.62
28	1.60	28	1.56	28	1.50	29	1.39	27	2.63	28	1.72
29	1.69	29	1.65	29	1.59	30	1.47	28	2.76	29	1.82
30	1.78	30	1.74	30	1.68	31	1.55	29	2.89	30	1.92
31	1.87	31	1.83	31	1.77	32	1.63	30	3.02	31	2.02
32	1.96	32	1.92	32	1.86	33	1.71	30.50	3.10	32	2.12
33	2.05	33	2.01	33	1.95	34	1.79			33	2.22
34	2.15	34	2.10	34	2.04	35	1.87			34	2.33
35	2.25	35	2.20	35	2.13	36	1.95			35	2.43
36	2.35	36	2.30	36	2.22	37	2.03			36	2.53
37	2.45	37	2.40	37	2.32	38	2.11			37	2.03
38	2.55	38	2.50	38	2.42	39	2.20			38	2.73
39	2.65	39	2.60	39	2.52	40	2.29			39	2.84
40	2.75	40	2.70	40	2.62	41	2.38			40	2.94
41	2.85	41	2.80	41	2.72	42	2.47			41	3.04
62	2.95	42	2.90	42	2.82	43	2.56			44,70	3.12
43	3.05	43	3.00	43	2.91	44	2.65				
43.75	3.10	44	3.10	44	3.01	45	2.74				
				45	3.10	46	2.83				
						47	2.92				
						48	3.01				
						49	3.10				

624 BARRIQUE GROSSE (Fonds 0.814, Bouge 0.875)		625 PIPE MONTPELLIER (Fonds 0.750, Bouge 0.860)		625 PIPE MONTPELLIER (Fonds 0.755, Bouge 0.870)		630 BOTTE D'HUILE (Fonds 0.758, Bouge 0.900)		630 PIPE MONTPELLIER (Fonds 0.740, Bouge 0.880)		630 PIPE MONTPELLIER (Fonds 0.755, Bouge 0.900)	
cent.	litres.	cent.	litres.	cent.	litres.	cent.	litres.	cent.	litres.	cent.	litres.
1	1	2	1	2	1	3	1	2	1	2	1
2	2	3	2	3	2	4	2	3	2	3	2
3	4	4	3	4	3	5	4	4	3	4	3
4	6	5	6	5	5	6	7	5	5	5	5
5	9	6	9	6	8	7	10	6	8	6	8
6	13	7	13	7	11	8	13	7	11	7	11
7	17	8	17	8	15	9	17	8	15	8	14
8	22	9	22	9	19	10	22	9	20	9	19
9	27	10	27	10	24	11	27	10	25	10	24
10	32	11	33	11	30	12	32	11	30	11	29
11	37	12	39	12	36	13	38	12	36	12	34
12	43	13	45	13	42	14	44	13	42	13	40
13	49	14	52	14	49	15	51	14	48	14	46
14	56	15	59	15	55	16	58	15	54	15	53
15	63	16	66	16	62	17	65	16	61	16	60
16	70	17	73	17	69	18	72	17	68	17	67
17	77	18	80	18	77	19	79	18	76	18	74
18	84	19	88	19	85	20	87	19	84	19	81
19	91	20	96	20	93	21	95	20	92	20	88
20	98	21	1.04	21	1.01	22	1.03	21	1.00	21	96
21	1.06	22	1.12	22	1.09	23	1.11	22	1.08	22	1.04
22	1.14	23	1.20	23	1.17	24	1.19	23	1.16	23	1.12
23	1.23	24	1.29	24	1.25	25	1.27	24	1.25	24	1.20
24	1.32	25	1.38	25	1.33	26	1.35	25	1.34	25	1.28
25	1.41	26	1.47	26	1.42	27	1.43	26	1.43	26	1.37
26	1.50	27	1.56	27	1.51	28	1.51	27	1.52	27	1.46
27	1.59	28	1.65	28	1.60	29	1.60	28	1.61	28	1.55
28	1.68	29	1.74	29	1.69	30	1.69	29	1.70	29	1.64
29	1.77	30	1.83	30	1.78	31	1.78	30	1.79	30	1.73
30	1.86	31	1.92	31	1.87	32	1.87	31	1.88	31	1.82
31	1.95	32	2.02	32	1.97	33	1.96	32	1.97	32	1.91
32	2.04	33	2.12	33	2.07	34	2.05	33	2.06	33	2.00
33	2.13	34	2.22	34	2.17	35	2.15	34	2.15	34	2.09
34	2.22	35	2.32	35	2.27	36	2.25	35	2.25	35	2.18
35	2.31	36	2.42	36	2.37	37	2.35	36	2.35	36	2.27
36	2.40	37	2.52	37	2.47	38	2.45	37	2.45	37	2.36
37	2.49	38	2.62	38	2.57	39	2.55	38	2.55	38	2.45
38	2.58	39	2.72	39	2.67	40	2.65	39	2.65	39	2.55
39	2.67	40	2.82	40	2.77	41	2.75	40	2.75	40	2.65
40	2.76	41	2.92	41	2.87	42	2.85	41	2.85	41	2.75
41	2.85	42	3.02	42	2.97	43	2.95	42	2.95	42	2.85
42	2.95	43	3.12.50	43	3.07	44	3.05	43	3.05	43	2.95
43	3.05			43.50	3.12.50	45	3.15	44	3.15	44	3.05
43.75	3.12									45	3.15

638		640		640		640		640		641	
PIPE MONTPELLIER		PIPE MONTPELLIER		PIPE MONTPELLIER		PIPE MONTPELLIER		FUT ANGLAIS		MUID MONTPELLIER	
Fonds 0,750 Bouge 0,890		Fonds 0,750 Bouge 0,875		Fonds 0,740 Bouge 0,895		Fonds 0,750 Bouge 0,900		Fonds 0,730 Bouge 0,950		Fonds 0,830 Bouge 0,887	
cent.	litres.	cent.	litres.	cent.	litres.	cent.	litres.	cent.	litres.	cent.	litres.
2	1	2	1	2	1		1	3	1	1	1
3	2	3	2	3	2	3	2	4	2	2	2
4	3	4	3	4	3	4	3	5	3	3	4
5	5	5	5	5	5	5	5	6	5	4	7
6	8	6	8	6	7	6	7	7	7	5	10
7	12	7	11	7	10	7	10	8	10	6	14
8	16	8	15	8	14	8	14	9	13	7	19
9	20	9	20	9	18	9	18	10	17	8	24
10	24	10	25	10	23	10	23	11	21	9	29
11	29	11	30	11	28	11	28	12	26	10	34
12	34	12	36	12	34	12	34	13	31	11	40
13	40	13	42	13	40	13	40	14	36	12	46
14	46	14	49	14	46	14	46	15	42	13	53
15	53	15	56	15	53	15	53	16	48	14	60
16	60	16	63	16	60	16	60	17	54	15	67
17	68	17	70	17	67	17	67	18	61	16	74
18	76	18	78	18	74	18	74	19	68	17	81
19	84	19	86	19	82	19	82	20	75	18	88
20	92	20	94	20	90	20	90	21	83	19	95
21	1.00	21	1.02	21	98	21	98	22	91	20	1.03
22	1.08	22	1.10	22	1.06	22	1.06	23	99	21	1.11
23	1.16	23	1.18	23	1.14	23	1.14	24	1.07	22	1.19
24	1.24	24	1.27	24	1.22	24	1.22	25	1.15	23	1.27
25	1.32	25	1.36	25	1.31	25	1.30	26	1.23	24	1.35
26	1.40	26	1.45	26	1.40	26	1.39	27	1.31	25	1.43
27	1.49	27	1.54	27	1.49	27	1.48	28	1.39	26	1.51
28	1.58	28	1.63	28	1.58	28	1.57	29	1.47	27	1.60
29	1.67	29	1.72	29	1.67	29	1.66	30	4.56	28	1.68
30	1.76	30	1.82	30	1.76	30	1.75	31	1.65	29	1.77
31	1.85	31	1.92	31	1.85	31	1.84	32	1.74	30	1.86
32	1.94	32	2.02	32	1.94	32	1.93	33	1.83	31	1.95
33	2.03	33	2.12	33	2.03	33	2.02	34	1.92	32	2.04
34	2.12	34	2.22	34	2.13	34	2.11	35	2.01	33	2.13
35	2.21	35	2.32	35	2.23	35	2.20	36	2.10	34	2.22
36	2.31	36	2.42	36	2.33	36	2.30	37	2.19	35	2.31
37	2.41	37	2.52	37	2.43	37	2.40	38	2.28	36	2.40
38	2.51	28	2.62	38	2.53	38	2.50	30	2.37	37	2.49
39	2.61	39	2.72	39	2.63	39	2.60	40	2.46	38	2.58
40	2.71	40	2.82	40	2.73	40	2.70	44	2.55	39	2.68
41	2.81	41	2.92	41	2.83	41	2.80	42	2.65	40	2.78
42	2.91	42	3.02	42	2.93	42	2.90	43	2.75	41	2.88
43	3.01	43	3.12	43	3.03	43	3.00	44	2.85	42	2.98
44	3.11	43.75	3.20	44	3.13	44	3.10	45	2.95	43	3.08
44.50	3.19			44.75	3.20	45	3.20	46	3.05	44	3.18
								47	3.15	44.35	3.20.50
								47.50	3.20		

650 PIPE MONTPELLIER Fonds 0,740 Bouge 0,880		650 FUT ANGLAIS — Fonds 0,725 Bouge 0,916		650 PIPE MONTPELLIER Fonds 0,740 Bouge 0,890		650 FUT ABSINTHE — Fonds 0,810 Bouge 0,980		650 PIPE MONTPELLIER Fonds 0,760 Bouge 0,910		656 BARRIQUE GROSSE Fonds 0,840 Bouge 0,955	
cent.	litres.	cent.	litres.	cent.	litres.	cent.	litres.	cent.	litres.	cent.	litres.
2	1	3	1	3	1	3	1	2	1	2	1
3	2	4	2	4	3	4	2	3	2	3	2
4	3	5	3	5	5	5	4	4	3	4	4
5	5	6	5	6	8	6	6	5	5	5	6
6	8	7	8	7	11	7	8	6	7	6	10
7	12	8	12	8	15	8	11	7	10	7	14
8	16	9	16	9	19	9	15	8	14	8	18
9	20	10	20	10	24	10	19	9	18	9	23
10	25	11	25	11	29	11	24	10	23	10	28
11	31	12	30	12	35	12	29	11	28	11	33
12	37	13	36	13	41	13	34	12	34	12	38
13	43	14	42	14	48	14	40	13	40	13	44
14	50	15	48	15	55	15	46	14	46	14	50
15	57	16	55	16	62	16	52	15	53	15	57
16	64	17	62	17	69	17	58	16	60	16	64
17	71	18	69	18	77	18	65	17	67	17	71
18	78	19	76	19	85	19	72	18	74	18	78
19	86	20	84	20	93	20	79	19	81	19	85
20	92	21	92	21	1.01	21	86	20	89	20	92
21	1.02	22	1.00	22	1.09	22	93	21	97	21	1.00
22	1.11	23	1.08	23	1.17	23	1.00	22	1.05	22	1.08
23	1.20	24	1.16	24	1.25	24	1.07	23	1.13	23	1.16
24	1.29	25	1.24	25	1.33	25	1.14	24	1.21	24	1.24
25	1.38	26	1.33	26	1.42	26	1.22	25	1.29	25	1.32
26	1.47	27	1.42	27	1.51	27	1.30	26	1.38	26	1.40
27	1.56	28	1.51	28	1.60	28	1.38	27	1.47	27	1.48
28	1.65	29	1.60	29	1.70	29	1.46	28	1.56	28	1.56
29	1.74	30	1.69	30	1.80	30	1.54	29	1.65	29	1.64
30	1.84	31	1.78	31	1.90	31	1.62	30	1.74	30	1.73
31	1.94	32	1.87	32	2.00	32	1.70	31	1.83	31	1.82
32	2.04	33	1.97	33	2 10	33	1.78	32	1.92	32	1.91
33	2.14	34	2.07	34	2.20	34	1.87	33	2.01	33	2.00
34	2.24	35	2.17	35	2.30	35	1.96	34	2.10	34	2.09
35	2.34	36	2.27	36	2.40	36	2.05	35	2.20	35	2.18
36	2.44	37	2.37	37	2.50	37	2.14	36	2.30	36	2.27
37	2 54	38	2.47	38	2.60	38	2.23	37	2.40	37	2.36
38	2 64	39	2.57	39	2.70	39	2.32	38	2.50	38	2.45
39	2.74	40	2.67	40	2.80	40	2.41	39	2.60	39	2.54
40	2.84	41	2.77	41	2.90	41	2.50	40	2.70	40	2.63
41	2.94	42	2.87	42	3.00	42	2.59	41	2 80	41	2.72
42	3.04	43	2.97	43	3.10	43	2.68	42	2.90	42	2.81
43	3.14	44	3.07	44	3.20	44	2.77	43	3.00	43	2.91
44	3.25	45	3.17	44.50	3.25	45	2.86	44	3.10	44	3.01
		45.80	3.25			46	2.95	45	3.20	45	3.11
						47	3.05	45.50	3.25	46	3.21
						48	3.15			46.75	3.28
						49	3.25				

660 PIPE MONTPELLIER Fonds 0,745 Bouge 0,885		660 PIPE MONTPELLIER Fonds 0,750 Bouge 0,895		660 PIPE GROSSE Fonds 0,740 Bouge 0,920		660 BOTTE D'HUILE Fonds 0,890 Bouge 0,900		670 FUT ANGLAIS Fonds 0,750 Bouge 0,1000		670 PIPE Fonds 0,750 Bouge 0,895	
cent.	litres.	cent.	litres.	cent.	litres.	cent.	litres.	cent.	litres.	cent.	litres.
2	1	2	1	3	1	2	1	3	1	2	1
3	2	3	2	4	2	3	2	4	2	3	2
4	3	4	3	5	4	4	4	5	3	4	3
5	5	5	5	6	6	5	6	6	4	5	5
6	8	6	8	7	9	6	10	7	6	6	8
7	11	7	11	8	12	7	14	8	8	7	11
8	15	8	15	9	16	8	19	9	11	8	15
9	20	9	19	10	20	9	25	10	15	9	20
10	25	10	24	11	25	10	31	11	19	10	25
11	31	11	29	12	31	11	37	12	23	11	30
12	37	12	35	13	37	12	43	13	28	12	36
13	44	13	42	14	43	13	49	14	33	13	42
14	51	14	49	15	49	14	56	15	38	14	49
15	58	15	56	16	56	15	63	16	44	15	56
16	65	16	63	17	63	16	70	17	50	16	63
17	72	17	70	18	70	17	77	18	56	17	70
18	80	18	78	19	78	18	84	19	63	18	78
19	88	19	86	20	86	19	92	20	70	19	86
20	96	20	94	21	94	20	1.00	21	77	20	94
21	1.04	21	1.02	22	1.02	21	1.08	22	85	21	1.02
22	1.12	22	1.10	23	1.10	22	1.16	23	92	22	1.10
23	1.21	23	1.18	24	1.18	23	1.24	24	1.00	23	1.18
24	1.30	24	1.26	25	1.27	24	1.32	25	1.08	24	1.27
25	1.39	25	1.34	26	1.36	25	1.40	26	1.16	25	1.36
26	1.48	26	1.43	27	1.45	26	1.49	27	1.24	26	1.46
27	1.57	27	1.52	28	1.54	27	1.58	28	1.32	27	1.56
28	1.66	28	1.61	29	1.63	28	1.67	29	1.40	28	1.66
29	1.76	29	1.71	30	1.72	29	1.76	30	1.48	29	1.76
30	1.86	30	1.81	31	1.81	30	1.85	31	1.57	30	1.86
31	1.96	31	1.91	32	1.90	31	1.94	32	1.66	31	1.96
32	2.06	32	2.01	33	2.00	32	2.03	33	1.75	32	2.06
33	2.16	33	2.11	34	2.10	33	2.12	34	1.84	33	2.16
34	2.26	34	2.21	35	2.20	34	2.21	35	1.93	34	2.26
35	2.36	35	2.31	36	2.30	35	2.30	36	2.02	35	2.36
36	2.46	36	2.41	37	2.40	36	2.40	37	2.11	36	2.46
37	2.56	37	2.51	38	2.50	37	2.50	38	2.20	37	2.56
38	2.66	38	2.61	39	2.60	38	2.60	39	2.29	38	2.66
39	2.76	39	2.71	40	2.70	39	2.70	40	2.38	39	2.76
40	2.86	40	2.81	41	2.80	40	2.80	41	2.47	40	2.86
41	2.96	41	2.91	42	2.90	41	2.90	42	2.56	41	2.96
42	3.06	42	3.01	43	3.00	42	3.00	43	2.65	42	3.06
43	3.16	43	3.11	44	3.10	43	3.10	44	2.75	43	3.16
44	3.26	44	3.21	45	3.20	44	3.20	45	2.85	44	3.26
44.25	3.30	44.75	3.30	46	3.30	45	3.30	46	2.95	44.75	3.35
								47	3.05		
								48	3.15		
								49	3.25		
								50	3.35		

670		670		675		680		680		690	
PIPE		PIPE		PIPE		PIPE		PIPE		PIPE	
Fonds 0,755 Bouge 0,900		Fonds 0,760 Bouge 0,915		Fonds 0,780 Bouge 0,920		Fonds 0,750 Bouge 0,900		Fonds 0,765 Bouge 0,920		Fonds 0,820 Bouge 0,958	
cent.	litres.	cent.	litres.	cent.	litres	cent.	litres.	cent.	litres.	cent.	litres.
2	1	2	1	2	1	2	1	2	1	2	1
3	2	3	2	3	2	3	2	3	2	3	2
4	3	4	3	4	3	4	3	4	3	4	3
5	5	5	5	5	5	5	5	5	5	5	5
6	8	6	8	6	7	6	8	6	7	6	8
7	11	7	11	7	10	7	11	7	10	7	11
8	15	8	15	8	14	8	15	8	14	8	15
9	20	9	19	9	19	9	20	9	18	9	20
10	25	10	24	10	24	10	25	10	23	10	25
11	30	11	29	11	29	11	30	11	29	11	31
12	36	12	34	12	35	12	36	12	35	12	37
13	42	13	41	13	41	13	43	13	41	13	43
14	49	14	47	14	47	14	50	14	47	14	50
15	56	15	54	15	53	15	57	15	54	15	57
16	63	16	61	16	60	16	64	16	61	16	64
17	70	17	68	17	68	17	71	17	68	17	71
18	78	18	76	18	76	18	79	18	76	18	78
19	86	19	84	19	84	19	87	19	84	19	86
20	94	20	92	20	92	20	95	20	92	20	94
21	1.02	21	1.00	21	1.00	21	1.03	21	1.00	21	1.02
22	1.10	22	1.08	22	1.08	22	1.12	22	1.08	22	1.10
23	1.19	23	1.16	23	1.16	23	1.21	23	1.16	23	1.18
24	1.28	24	1.24	24	1.24	24	1.30	24	1.25	24	1.26
25	1.37	25	1.33	25	1.33	25	1.39	25	1.34	25	1.35
26	1.46	26	1.42	26	1.42	26	1.48	26	1.43	26	1.44
27	1.55	27	1.51	27	1.51	27	1.57	27	1.52	27	1.53
28	1.64	28	1.60	28	1.60	28	1.66	28	1.61	28	1.62
29	1.73	29	1.69	29	1.69	29	1.76	29	1.70	29	1.71
30	1.83	30	1.78	30	1.78	30	1.86	30	1.79	30	1.80
31	1.93	31	1.87	31	1.87	31	1.96	31	1.88	31	1.89
32	2.03	32	1.97	32	1.97	32	2.06	32	1.98	32	1.98
33	2.13	33	2.07	33	2.07	33	2.16	33	2.08	33	2.07
34	2.23	34	2.17	34	2.17	34	2.26	34	2.18	34	2.16
35	2.33	35	2.27	35	2.27	35	2.36	35	2.28	35	2.26
36	2.43	36	2.37	36	2.37	36	2.46	36	2.38	36	2.36
37	2.53	37	2.47	37	2.47	37	2.57	37	2.48	37	2.46
38	2.63	38	2.57	38	2.57	38	2.67	38	2.58	38	2.56
39	3.73	39	2.67	39	2.67	39	2.78	39	2.68	39	2.66
40	2.83	40	2.77	40	2.77	40	2.88	40	2.78	40	2.76
41	2.94	41	2.87	41	2.87	41	2.98	41	2.89	41	2.86
42	3.04	42	2.97	42	2.97	42	3.08	42	2.99	42	2.96
43	3.14	43	3.07	83	3.07	43	3.19	43	3.09	43	3.06
44	3.25	44	3.17	44	3.17	44	3.29	44	3.19	44	3.16
45	3.35	45	3.27	45	3.27	45	3.40	45	3.30	45	3.26
		45.75	3.35	46	3.37.50			46	3.40	46	3.36
										46.90	3.45

690 PIPE — Fonds 0,755 — Bouge 0,920		690 PIPE — Fonds 0,770 — Bouge 0,925		700 PIPE — Fonds 0,765 — Bouge 0,913		700 PIPE — Fonds 0,775 — Bouge 0,950		704 PIPE — Fonds 0,775 — Bouge 0,950		726 MUID MONTPELLIER — Fonds 0,895 — Bouge 0,992	
cent.	litres.	cent.	litres.	cent.	litres.	cent.	litres.	cent.	litres.	cent.	litres.
2	1	2	1	2	1	2	1	2	1	2	1
3	2	3	2	3	2	3	2	3	2	3	2
4	3	4	3	4	3	4	3	4	3	4	3
5	5	5	5	5	5	5	5	5	5	5	5
6	7	6	7	6	8	6	7	6	8	6	9
7	10	7	11	7	11	7	10	7	11	7	13
8	14	8	15	8	15	8	14	8	16	8	17
9	18	9	19	9	20	9	19	9	21	9	22
10	23	10	24	10	25	10	24	10	26	10	27
11	28	11	29	11	30	11	29	11	31	11	32
12	34	12	35	12	36	12	35	12	37	12	38
13	40	13	41	13	43	13	41	13	44	13	44
14	47	14	48	14	50	14	48	14	51	14	50
15	54	15	55	15	57	15	55	15	58	15	57
16	61	16	62	16	64	16	62	16	65	16	64
17	68	17	69	17	71	17	69	17	73	17	71
18	76	18	76	18	79	18	77	18	81	18	78
19	84	19	84	19	87	19	85	19	89	19	85
20	92	20	92	20	95	20	93	20	97	20	92
21	1.00	21	1.00	21	1.04	21	1.01	21	1.05	21	1.00
22	1.08	22	1.08	22	1.13	22	1.09	22	1.13	22	1.08
23	1.17	23	1.17	23	1.22	23	1.18	23	1.22	23	1.16
24	1.26	24	1.26	24	1.31	24	1.27	24	1.31	24	1.24
25	1.35	25	1.35	25	1.40	25	1.36	25	1.40	25	1.32
26	1.44	26	1.44	26	1.49	26	1.45	26	1.40	26	1.41
27	1.53	27	1.53	27	1.59	27	1.54	27	1.58	27	1.50
28	1.62	28	1.62	28	1.69	28	1.63	28	1.67	28	1.59
29	1.71	29	1.71	29	1.79	29	1.72	29	1.77	29	1.68
30	1.81	30	1.80	30	1.89	30	1.82	30	1.87	30	1.77
31	1.91	31	1.90	31	1.99	31	1.92	31	1.97	31	1.86
32	2.01	32	2.00	32	2.10	32	2.02	32	2.07	32	1.95
33	2.11	33	2.10	33	2.20	33	2.12	33	2.17	33	2.04
34	2.21	34	2.20	34	2.30	34	2.22	34	2.27	34	2.13
35	2.31	35	2.30	35	2.40	35	2.32	35	2.38	35	2.22
36	3.41	36	2.40	36	2.50	36	2.42	36	2.48	36	2.31
37	2.51	37	2.50	37	2.60	37	2.52	37	2.58	37	2.40
38	2.62	38	2.60	38	2.70	38	2.62	38	2.68	38	2.49
39	2.72	39	2.70	39	2.81	39	2.72	39	2.78	39	2.58
40	2.82	40	2.80	40	2.91	40	2.82	40	2.88	40	2.67
41	2.92	41	2.91	41	3.01	41	2.02	41	2.98	41	2.77
42	3.02	42	3.01	42	3.11	42	3.03	42	3.08	42	2.87
43	3.13	43	3.11	43	3.21	43	3.13	43	3.19	43	2.97
44	3.24	44	3.21	44	3.32	44	3.23	44	3.30	44	3.07
45	3.35	45	3.31	45	3.43	45	3.34	45	3.41	45	3.17
46	3.45	46	3.41	45.65	3.50	46	3.45	46	3.52	46	3.27
		46.25	3.45			46.50	3.50			47	3.37
										48	3.47
										49	3.57
										49.60	3.63

740		750		760		810		880		900	
MUID MONTPELLIER		BOTTE D'HUILE		PIPE SAINT-GILLES		GROSSE PIPE ABSINTHE		GRANDE PIPE		GROSSE BARRIQUE	
Fonds 0,835 Bouge 0,960		Fonds 0,850 Bouge 0,935		Fonds 0,890 Bouge 0,1010		Fonds 0,820 Bouge 0,930		Fonds 0,925 Bouge 0,1030		Fonds 0,860 Bouge 0,1030	
cent.	litres.	cént.	litres.	cent.	litres.	cent.	litres.	cebt.	litres.	cont.	litres.
2	1	1	1	2	1	1	1	2	1	2	1
3	2	2	2	3	2	2	2	3	2	3	2
4	3	3	4	4	5	3	3	4	4	4	4
5	5	4	6	5	8	4	6	5	7	5	7
6	8	5	9	6	12	5	10	6	11	6	10
7	12	6	13	7	16	6	14	7	15	7	15
8	17	7	17	8	20	7	19	8	20	8	20
9	22	8	21	9	25	8	24	9	25	9	25
10	27	9	26	10	30	9	30	10	31	10	30
11	32	10	31	11	35	10	36	11	37	11	35
12	38	11	37	12	41	11	42	12	43	12	41 .
13	44	12	43	13	47	12	48	13	50	13	47
14	50	13	49	14	54	13	55	14	57	13	53
15	57	14	55	15	61	14	62	15	64	14	60
16	65	15	62	16	68	15	70	16	72	15	67
17	73	16	69	17	75	16	78	16	80	16	74
18	81	17	76	18	82	17	86	17	88	17	82
19	89	18	84	19	89	18	94	18	97	18	90
20	97	19	92	20	96	19	1.02	19	1.06	19	99
21	1.05	20	1.00	21	1.04	20	1.10	20	1.15	20	1.08
22	1.13	21	1.08	22	1.12	21	1.19	21	1.24	21	1.17
23	1.22	22	1.16	23	1.20	22	1.28	22	1.33	22	1.26
24	1.31	23	1.24	24	1.28	23	1.37	23	1.42	23	1.36
25	1.40	24	1.32	25	1.37	24	1.46	24	1.51	24	1.46
26	1.49	25	1.41	26	1.46	25	1.55	25	1.61	25	1.56
27	1.58	26	1.50	27	1.55	26	1.64	26	1.71	26	1.67
28	1.67	27	1.59	28	1.64	27	1.74	27	1.81	27	1.78
29	1.76	28	1.68	29	1.73	28	1.84	28	1.91	28	1.89
30	1.86	29	1.78	30	1.82	29	1.94	29	2.01	29	2.00
31	1.96	30	1.89	31	1.91	30	2.04	30	2.11	30	2.12
32	2.06	31	1.99	32	2.00	31	2.14	31	2.21	31	2.23
33	2.16	32	2.09	33	2.09	32	2.24	32	2.31	32	2.34
34	2.26	33	2.19	34	2.18	33	2.34	33	2.42	33	2.45
35	2.36	34	2.29	35	2.27	34	2.44	34	2.53	34	2.56
36	2.46	35	2.39	36	2.36	35	2.54	35	2.64	35	2.67
37	2.56	36	2.49	37	2.45	36	2.64	36	2.75	36	2.78
38	2.66	37	2.59	38	2.55	37	2.75	37	2.86	37	2.89
39	2.76	38	2.70	39	2.65	38	2.85	38	2.97	38	3.00
40	2.86	39	2.80	40	2.75	39	2.96	39	3.09	39	3.12
41	2.96	40	2.90	41	2.85	40	3.07	40	3.20	40	3.23
42	3.06	41	3.00	42	2.95	41	3.18	41	3.31	41	3.35
43	3.17	42	3.11	43	3.05	42	3.29	42	3.42	42	3.46
44	3.27	43	3.22	44	3.15	43	3.39	43	3.53	43	3.58
45	3.37	44	3.33	45	3.25	44	3.50	44	3.64	44	3.69
46	3.48	45	3.44	46	3.35	45	3.61	45	3.75	45	3.81
47	3.59	46	3.55	47	3.45	46	3.72	46	3.86	46	3.92
48	3.70	47	3.66	48	3.55	47	3.83	47	3.97	47	4.04
		47.75	3.75	49	3.65	48	3.94	48	4.09	48	4.16
				50	3.75	49	4.05	49	4.21	49	4.28
				50.50	3.80			50	4.33	50	4.42
								51.50	4.40	51.50	4.50

13161   Imp. Renou et Maulde, rue de Rivoli, 144.

PARIS. — IMPRIMERIE RENOU ET MAULDE, RUE DE RIVOLI, 144.